弗朗西斯卡·马普亚·费尔贝
Francesca Mapua Filbey

得克萨斯大学达拉斯分校行为与脑科学学院认知与神经科学教授、波特·摩尔脑健康教授。主要从事成瘾性疾病的生物行为机制研究，旨在改善成瘾性疾病的早期检测和干预。

国家出版基金项目
NATIONAL PUBLICATION FOUNDATION

The Neuroscience of Addiction
成瘾神经科学

脑科学前沿译丛
主编 李红 周晓林 罗跃嘉

［美］弗朗西斯卡·马普亚·费尔贝 著
Francesca Mapua Filbey

张效初 杨平 译

浙江教育出版社·杭州

This is a Simplified Chinese Translation edition of the following title published by Cambridge University Press:
The Neuroscience of Addiction 978-1-107-12798-2
©Francesca Mapua Filbey 2019
This Simplified Chinese Translation edition for the People's Republic of China (excluding Hong Kong, Macau and Taiwan) is published by arrangement with the Press Syndicate of the University of Cambridge, Cambridge, United Kingdom.
©Zhejiang Education Publishing House 2023
This Simplified Chinese Translation edition is authorized for sale in the People's Republic of China (excluding Hong Kong, Macau and Taiwan) only. Unauthorized export of this Simplified Chinese Translation edition is a violation of the Copyright Act. No part of this publication may be reproduced or distributed by any means, or stored in a database or retrieval system, without the prior written permission of Cambridge University Press and Zhejiang Education Publishing House.
Copies of this book sold without a Cambridge University Press sticker on the cover are unauthorized and illegal.

本书封面贴有 Cambridge University Press 防伪标签，无标签者不得销售。
本书中文简体字版专有翻译版权由 Cambridge University Press 授予浙江教育出版社。未经许可，不得以任何手段和形式复制或抄袭本书内容。

图书在版编目（CIP）数据

成瘾神经科学 /（美）弗朗西斯卡·马普亚·费尔贝 著；张效初，杨平译. -- 杭州：浙江教育出版社，2023.6
（脑科学前沿译丛）
书名原文：The Neuroscience of Addiction
ISBN 978-7-5722-3590-0

Ⅰ. ①成… Ⅱ. ①弗… ②张… ③杨… Ⅲ. ①神经科学 Ⅳ. ①Q189

中国版本图书馆CIP数据核字(2022)第091120号

引进版图书合同登记号 浙江省版权局图字：11-2020-087

脑科学前沿译丛

成瘾神经科学
CHENGYIN SHENJING KEXUE

[美] 弗朗西斯卡·马普亚·费尔贝（Francesca Mapua Filbey） 著　张效初　杨　平 译

责任编辑：王荟捷　冯　岩　　　　　美术编辑：韩　波
责任校对：陈　薇　　　　　　　　　责任印务：陆　江　滕建红
装帧设计：融象工作室_顾页

出版发行：浙江教育出版社（杭州市天目山路40号）
图文制作：杭州林智广告有限公司　　　印刷装订：杭州佳园彩色印刷有限公司
开　　本：787 mm×1092 mm　1/16
插　　页：4
版　　次：2023年6月第1版　　　　印　　次：10.5
字　　数：210 000
版　　次：2023年6月第1版　　　　印　　次：2023年6月第1次印刷
标准书号：ISBN 978-7-5722-3590-0　　定　　价：79.00元

如发现印装质量问题，影响阅读，请与我社市场营销部联系调换。联系电话：0571-88909719

"脑科学前沿译丛"总序

人类自古以来都强调要"认识你自己"（古希腊箴言），因为"知人者智，自知者明"（老子《道德经》第三十三章）。然而，要真正清楚认识人类自身，尤其是清楚认识人类大脑的奥秘，那还是极其困难的。迄今，人类为"认识世界、改造世界"已经付出了艰辛的努力，取得了令人瞩目的成就，但对于人类自身的大脑及其与人类意识、人类健康的关系的认识，还是相当有限的。20世纪90年代开始兴起、至今仍如初升太阳般光耀的国际脑科学研究热潮，为深层次探索人类的心理现象，揭示人类之所以为人类，尤其是揭示人类的意识与自我意识提供了全新的机会。始于2015年，前后论证了6年时间的中国脑计划在2021年正式启动，被命名为"脑科学与类脑科学研究"。

著名的《科学》（Science）杂志在其创立125周年之际，提出了125个全球尚未解决的科学难题，其中一个问题就是"意识的生物学基础是什么"。要回答这个问题，就必须弄清"意识的起源及本质"。心理是脑的机能，脑是心理的器官。然而，研究表明，人脑结构极其复杂，拥有近1000亿个神经元，神经元之间通过电突触和化学突触形成上万亿级的神经元连接，其内部复杂性不言而喻。人脑这样一块重1400克左右的物质，到底如何工作才产生了人的意识？能够回答这样的问题，就能够解决"意识的生物学基础是什么"这一重大科学问题，也能够解决人类的大脑如何影响以及如何保护人类身心健康这一重大应用问题，还能解决如何利用人类大脑的工作原理来研发新一代人工智能这一重大工程问题。事实上，包括中国科学家在内的众多科学家，已经在脑科学方面做了大量的探索，有着丰富的积累，让我们对脑科学拥有了较为初步的知识。

2017年，为了给中国脑计划的实施做一些资料的积累，浙江教育出版社邀请周晓林、罗跃嘉和我，组织国内青年才俊翻译了一套"认知神经科学前沿译丛"，包括《人类发展的认知神经科学》《注意的认知神经科学》《社会行为中的认知神经科学》《神经经济学、判断与决策》《语言的认知神经科学》《大脑与音乐》《认知神经科学史》等，围绕心理/行为与脑的关系，汇集跨学科研究方法和成果——神经生理学、神经生物学、神经化学、基因组学、社会学、认知心理学、经济/管理学、语言学、音乐学等。据了解，这套译丛在读者群中产生了非常好的影响，为中国脑计划的正式实施起到了积极的作用。

正值中国脑计划启动之初，浙江教育出版社又邀请我们三人组成团队，并组织国内相关领域的专家，翻译出版"脑科学前沿译丛"，助力推进脑科学研究。我们选取译介了国际脑科学领域具有代表性、权威性的学术前沿作品，这些作品不仅涉及人类情感（《剑桥人类情感神经科学手册》）、成瘾（《成瘾神经科学》）、认知老化（《老化认知与社会神经科学》）、睡眠与梦（《睡眠与梦的神经科学》）、创造力（《创造力神经科学》）、自杀行为（《自杀行为神经科学》）等具体研究领域的基础研究，还特别关注与心理学密切关联的认知神经科学研究方法（《计算神经科学和认知建模》《人类神经影像学》），充分反映出当今世界脑科学的研究新成果和先进技术，揭示脑科学的热点问题和未来发展方向。

今天，国际脑计划方兴未艾，中国也在2021年发布了脑计划首批支持领域并投入了31亿元作为首批支持经费。美国又在2022年发布了其脑计划2.0版本，希望能够在不同尺度上揭示大脑工作的奥秘。因此，脑科学的研究和推广，必然是国际科学界竞争激烈的前沿领域。我们推出这套译丛，旨在宣传脑科学，通过借鉴国际脑科学研究先进成果，吸引中国青年一代学者投入更多的时间和精力到脑科学研究的浪潮中来。如果这样的目的能够实现，我们的工作就算没有白费。

是为序。

李 红

2022年6月于华南师范大学石牌校区

致大卫：谢谢你的爱和支持。致科林：谢谢你滋养了我的心灵。致阿拉斯泰尔：谢谢你滋养了我的精神。致胡安和乔治娜·马普亚：谢谢你们一直以来对我的信任。致费利佩和埃米拉·卡拉斯：谢谢你们为我树立了奉献的榜样。

前 言

在20世纪90年代"脑科学的十年"期间,美国为确定疾病的潜在大脑机制所做的科学研究,使人们更加关注大脑在成瘾方面的作用。神经科学研究帮助我们在理解成瘾的前因后果方面取得了重大进展,这在一定程度上消除了对成瘾的污名化,并有助于成瘾患者的治疗。但迄今为止,普及这些知识主要受限于科学技术的发展和科学传播等方式,由此导致了向学生和普通公众的知识传播出现了滞后。尽管成瘾问题普遍存在,且与其他疾病和紊乱有很高的共同发病率,但是对成瘾机制的不甚了解会导致包括临床项目在内的很多培训项目缺乏对成瘾的重视。最近围绕大麻和阿片类药物这两种成瘾性药物的公共卫生问题则进一步凸显了本书的意义。因此,人们,尤其是学生和普通公众,越来越需要了解关于成瘾神经科学方面的信息。

方法

本书旨在填补行为神经科学和神经精神药理学领域的空白。迄今为止,唯一一本与该主题相关的教材侧重于讨论使用神经成像工具来研究成瘾的方法,而非具体解释成瘾的机制。值得一提的是,这本教材是为专业人士,而非大学生或非专业人士写的。随着对成瘾的科学探究和公众兴趣的增加,人们也需要通过阅读一本全面、易懂的作品来了解关于这一主题现有的神经科学研究结果。本书可作为神经科学和医学预科生,以及各级学员的学习工具,适用于高年级课程的本科生、研究生和受过教育的非专业人士。本书适合无神经科学背景的人阅读,尤其是对包括公共政策、公共卫生和发展心理学在内的其他学科的科学家以及对青少年大脑机制感兴趣的科学家。本书可作为大学中、高年级课程(比如"大脑与行为""精神药理学""神经心理学""行为神经科学")的补充教材,可作为受过教育的非专业人士的阅读参考（因为全书以通俗易懂的风格进行编写），亦可（连同补充的科学文章）作为大学本科阶段或研究生阶段中课程或研讨课的主要教材。也就是说，本书的内容是学生、非专业人士和受过教育的大众读者都能理解的。

本书被收录在由剑桥大学出版社出版的"剑桥心理学中的神经科学基础"丛书中。这套丛书的目标是向读者介绍神经科学方法和研究在解决心理学问题中的应用。

编写

本书涵盖了受广泛报道的几个成瘾阶段的神经科学研究。前3章为后面各章中更深入的主题奠定了基础。第1章旨在为成瘾的临床和行为特征提供一个总体基础。第2章描述了在神经科学研究中使用的方法（本书的其余部分也会提及这些方法），并且介绍了当前用于研究成瘾的科学技术。第3章描述了后续章节中提及的相关研究的理论。这3章的目标是帮助读者了解当前该领域的见解，并提供必要的背景知识，以便读者能更好地将其整合到后续章节相关的内容中。

从第4章到第9章，每章都侧重于描述与成瘾有关的重要概念，并按照从由急性中毒引发、药物使用的奖赏效应到戒断症状、成瘾干预措施的生态顺序来说明成瘾的进展过程。这些章节涵盖了有助于读者理解这些概念的基本研究，以及与理解这些概念有关的问题。

最后一章讨论了诸如个体差异性等与成瘾发展进程相关的辅助性话题，为成瘾神经科学提供了一个整体性的概述。

特点

每章都包含了最能说明相关概念或主题的图表，且在相应的正文中都有提及。每章末尾都有"本章总结"，帮助读者梳理要点，同时提供了与要点相关的"回顾思考"来测试读者对本章内容的理解程度。每章还有"拓展阅读"，引导读者阅读有助于进一步学习的补充材料。"聚焦"部分关注当前问题，并将这些即时的话题与本章的构架相结合，这部分有助于读者从现实世界的角度出发进行思考，旨在激发其批判性思维。

Contents 目录

第1章 什么是成瘾？ _001

引言 _001
物质使用障碍的现象学 _003
成瘾的人口统计 _004
成瘾的污名化 _004
成瘾的诊断 _005
成瘾的大脑疾病模型 _006
非药物成瘾 _009
参考文献 _013

第2章 研究成瘾的神经科学方法 _017

引言 _017
对大脑电活动的测量 _017
大脑结构和功能的可视化 _019
生化成像 _021
神经成像研究的局限性 _022
参考文献 _026

第3章 成瘾的大脑行为理论 _028

引言 _028
激励敏化理论 _029
非稳态模型：稳态失调 _029
反应抑制和突显归因受损（iRISA）综合征模型 _031
线索诱发渴求模型 _032
成瘾的大脑行为理论的未来研究方向 _033
参考文献 _037

第4章 从毒品的初始使用动机到消遣性使用：奖赏与动机系统 _039

引言 _039
奖赏与动机系统引导行为的方向 _040
奖赏预期：多巴胺主要作用的依据 _042
最终的共同通路：所有药物最终归于一条路径 _044
成瘾是一种奖赏缺陷综合征吗？ _045
皮质纹状体环路和付出回报失衡 _046
记忆系统的作用 _047
参考文献 _050

第5章 中毒 _052

引言 _052
药物药效动力学 _053
成瘾药物的作用 _054
中毒的脑机制：来自神经成像药理学研究的证据 _056
调节中毒：人类研究中的挑战 _060
参考文献 _063

第6章 戒断 _066

引言 _066
戒断是什么样子的？ _067
急性戒断症状和相关的神经机制 _069
长期戒断症状和相关的神经机制 _071
戒断的电生理学机制 _071
对立机制的模型：药物的系统间反应 _073
参考文献 _076

第7章 渴求 _080

引言 _080
线索诱发的渴求范式及其相关神经机制 _081
渴求的神经生理学基础 _082
情境线索 _083
药物会劫持大脑的奖赏回路吗？ _083
更高的渴求还是更多的注意？ _085
神经分子学机制 _085
参考文献 _089

第8章 冲动性 _094

引言 _094
冲动性的神经药理学 _096
冲动性是先天的还是由药物引起的？ _096
风险决策 _099
抑制控制 _101
奖赏的延迟折扣 _102
参考文献 _106

第9章 脑科学在成瘾预防和干预中的应用 _108

引言 _108
药理学方法 _110
行为学方法 _112
结合的方法 _113
治疗效果 _114
参考文献 _119

第10章 结论 _123

引言 _123
风险决策有助于更好地预防和干预 _124
成瘾的内表型 _125
成瘾的性别差异 _129
因果关系问题 _130
一般结论 _130
参考文献 _134

附 录 _137

术语表 _138

索 引 _145

译后记 _152

第1章

什么是成瘾？

学习目标

- 能够描述成瘾的临床定义。
- 认识成瘾的现象学。
- 能够解释精神活性物质的分类。
- 能够描述成瘾的大脑疾病模型。
- 理解成瘾行为学的概念。

引言

根据世界卫生组织 2000 年的统计，全球有 20 亿酗酒者、13 亿吸烟者和 1.85 亿吸毒者。该年全球所有死亡人数的 12.4% 来自这三类人群。成瘾的发生并不会因为性别、种族和年龄而有所差异。但在青少年和刚步入成年期的年轻人（12—29 岁）中成瘾率最高（UNODC，2012）。鉴于这个年龄段是大脑成熟发育的关键时期，在此期间开始使用高剂量的成瘾性药物可能会改变大脑发育的规律。图 1.1 说明了青春期和成年早期大脑发育的过程，该过程包括灰质减少和皮层变薄，紧接着是白质体积、连通性和组织结构的增加（Giorgio et al., 2010; Gogtay et al., 2004; Hasan et al., 2007; Lebel et al., 2010; Shaw et al., 2008）。

在神经科学、流行病学、脑成像和遗传学多学科研究的指导下，成瘾如今被认为是一种大脑疾病，因为它使大脑产生了改变。与其他脑部疾病一样，我们也可以用三个"P"来描述成瘾，即普遍性（pervasive）、持续性（persistent）和病理性（pathological）。成瘾具有普遍性，因为它影响着成瘾者生活的方方面面。成瘾具有持续性，因为尽管成瘾者付出了很大的努力，成瘾却仍然持续存在。最后，成瘾具有病理性，因为它的影响不可控。因此，从广义上来看，成瘾的特点就是强迫性地寻求和持续性地使用药物而不计负面后果。

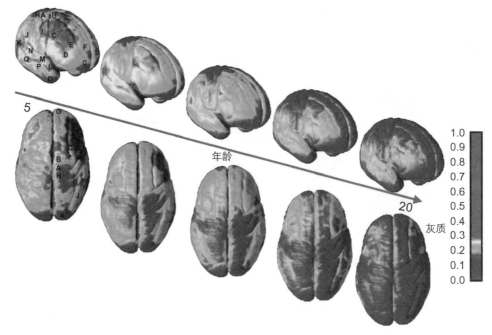

图1.1　一项纵向研究表明了5至20岁人脑神经系统的成熟过程。
（摘自Gogtay et al., 2004. ©2004美国国家科学院；彩色版本请扫描附录二维码查看。）

从临床的角度来看，成瘾是通过临床访谈来诊断的，并将目前由美国精神医学学会编著的《精神疾病诊断和统计手册（第5版）》（*Diagnostic and Statistical Manual of Mental Disorders*，DSM-5）或由世界卫生组织发布的《国际疾病分类》（*International Classification of Diseases*，ICD）作为诊断指南。根据DSM-5，成瘾是一种慢性稳定发展的疾病并伴随严重程度不同的行为模式。因此，2014年实施的DSM-5将这些广泛的行为模式统称为"物质使用障碍"（substance use disorders，SUDs）。

在美国，美国禁毒管理局（Drug Enforcement Administration，DEA）根据药物滥用风险、依赖可能性和认可的医疗用途对药物进行分类（见表1.1）。附表I中药物滥用风险和药物危害风险最高，目前没有公认的医疗用处，而附表V中药物滥用风险较低。附表I包含的药物有海洛因、麦角酰二乙胺（LSD）、大麻、佩奥特碱、安眠酮以及摇头丸。此外，美国根据药物的作用机理和对行为的影响，将滥用药物分为六类，分别是麻醉剂、大麻素、镇静剂、兴奋剂、致幻剂和吸入剂。例如，大麻素等一些药物针对特定的受体，而兴奋剂等其他药物则针对多个受体系统。

表1.1　美国DEA公布的2017年药物一览表

药物一览表	分类含义（由DEA定义）	药物、物质、化学药品
附表 I	目前没有公认的医疗用处 滥用的可能性很高	海洛因、LSD、大麻、摇头丸、安眠酮、佩奥特碱
附表 II	滥用的可能性很高 有严重的依赖风险	维科丁、可卡因、甲基苯丙胺、美沙酮、盐酸二氢吗啡酮、杜冷丁、奥施康定、芬太尼、右旋己酮、阿得拉、利他林
附表 III	滥用可能性为低中度 依赖风险为低中度	可待因、氯胺酮、合成类固醇、睾酮
附表 IV	依赖风险低 依赖性低	阿普唑仑、丙氧酚、安定、劳拉西泮、安必恩、曲马朵
附表 V	滥用风险更低 依赖风险更低	甲氧苯氧基丙二醇、普瑞巴林

注：根据认可的药物医疗用途和药物滥用风险、依赖可能性，DEA将药物分为5个不同的类别，即5个附表。附表 I 中药物被滥用的可能性最大，有可能让使用者产生严重的心理、身体依赖。附表 V 中药物被滥用的可能性最小。

物质使用障碍的现象学

成瘾通常被定义为强迫性地寻求药物而不计物质使用所带来的负面影响。虽然药物滥用和依赖的临床诊断标准已经并将继续根据科学研究进行修改，但与成瘾相关的行为后遗症与对奖赏刺激的强烈反应以及个体为了消费奖赏刺激而呈现的不可控行为有关。各种成瘾模型都提出了导致成瘾的几个阶段和过程（在第3章讨论）。然而，它们都始于对物质最初的享受或愉悦反应，这种反应会促使机体激发获取物质和增加消耗物质的需求，继而会使机体产生冲动并失去对使用物质的自控。尽管患者想要戒除物质，但是患者所经历的耐受和戒断阶段会促使其继续使用物质。

成瘾之所以如此复杂，是因为它的多维过程会导致一系列神经和生物事件。这些事件会增加机体患艾滋病、癌症以及心血管和呼吸系统疾病等其他疾病以及精神病等精神障碍的风险。成瘾物质的使用也会对胎儿产生有害影响，例如胎儿酒精综合征、早产和新生儿戒断综合征。成瘾的人可能会无法履行其职责。例如，滥用药物会增加辍学的风险（高中辍学者中，吸食大麻者占了27%，滥用处方药者占了10%，酗酒者占了42%），六分之一的失业者使用成瘾性物质（美国药物滥用和心理健康管理局，www.samhsa.gov/data），大约70%的入狱罪犯在入狱前经常使用成瘾性药物（美国司法部报告，www.bjs.gov/content/dcf/duc.cfm）。

成瘾性物质对成瘾者带来的影响即使在停药后仍在继续。因此，预防和治疗对策应关注于如何促成他们长期戒断的行为。当前的治疗方案一年内复发率约为70%，成功率很低。

成瘾的人口统计

流行病学研究分析了人口统计学因素与物质使用之间的联系。这些研究表明某些特定人群与滥用物质的情况存在关联性。例如，在发达国家，兴奋剂使用者通常是20—25岁平民阶层的男性（Babor，1994）。美国国家调查数据还显示，酗酒会随年龄、性别和种族背景而变化。例如，年轻的男性比女性、老年人和其他族群更容易饮酒。在尼古丁使用中也发现了类似的联系。例如，科学家发现在较低社会阶层的人群中存在较高的吸烟率（Jarvis et al.，2008）。然而，动态因素改变着成瘾人群的趋势。例如，虽然在美国城市中，阿片类药物的使用历来在18—25岁男性中最为普遍，但是近几年来，阿片类药物的使用人群正逐步扩大，更多的女性也使用该药物（Cicero et al.，2014）。不同物质使用者的人口统计学特征也有一些共性。通常物质滥用在男性、年轻、社会经济地位低下的人群中更易发生。值得注意的是，药物的可获得性在这些关联中也起着重要作用，这导致了酒精和尼古丁成为所有药物滥用中最普遍的。但是，在所有这些特征中，年龄似乎是人口统计学中最重要的因素。

若干因素加剧了某些特定人群滥用药物的可能性。药物与其他疾病的相互作用可能影响其滥用和依赖的可能性。例如，风险行为较多的人群更有可能滥用药物。药物滥用使患者更易患精神分裂症、双相障碍、抑郁症和注意力缺陷多动症（attention deficit/hyperactivity disorder，ADHD）等精神疾病。相关基因通常是那些调节多巴胺能功能的基因，比如多巴胺受体D4基因（Filbey et al.，2008）。

成瘾的污名化

自古以来，成瘾在某种程度上一直被视为"自由意志的混乱"。这种认识意味着成瘾是一个社会问题，应该通过社会性解决方案来解决。这些公认的社会问题包括家庭和学校等环境中童年教育的失败、忽视、虐待等不良条件，文化认同、缺乏积极影响和榜样、紊乱的环境以及来自同伴和社会的消极影响。尽管其中一些社会因素可能会促使人们开始使用药物，但越来越多的经验证据显示，社会问题不是成瘾的核心依据。以饮酒为例，绝大多数人群都能有规律地饮酒（在美国，成年人中52%是规律饮酒者），但饮酒人群中只有10%的人会成瘾（Blackwell et al., 2014）。这表明除了"自由意志"之外，还有许多因素有待进一步论证。

社会解决方案在很大程度上没能对治疗成瘾者起到帮助作用，主要是因为这些方案没有解决潜在的病因。由于成瘾的污名化，成瘾者既不寻求必要的治疗，又没有得到必要的社会支持，或者接受基本无效的治疗且没有解决成瘾潜在机理问题。

成瘾的诊断

精神健康障碍的临床诊断依赖于几个世纪以来已经发展起来的分类系统。这些分类系统因其分类目的（临床、研究或管理目标）以及重视识别疾病诊断类别（现象学与病因学）的特征而有所不同。两个最突出的系统是《精神疾病诊断和统计手册》（DSM）和《国际疾病分类》（ICD）。由世界卫生组织（World Health Organization，WHO）制定的ICD在1949年的第6版中发布了有关精神健康障碍的内容。基于此，美国精神医学学会命名和统计委员会（American Psychiatric Association Committee）于1952年出版了《精神疾病诊断和统计手册》。它随后成为第一本注重于临床应用的精神障碍官方手册。2013年出版的DSM-5是最新的版本。

在成瘾诊断方面，DSM-5根据控制障碍、社交障碍、使用风险和药理学标准对SUDs的诊断进行了分类。《精神疾病诊断和统计手册》从第4版（DSM-Ⅳ）到第5版（DSM-5）的主要修订是将第4版中的分类症状合并为第5版中的连续统一体（表1.2）。因此，与物质滥用和药物依赖的二维诊断不同，SUD的单一维度诊断是根据出现的症状数量，从轻到重进行评估的。做出该诊断修改决定的依据是：有证据表明，物质滥用症状和药物依赖症状不是相互独立的，两者可以形成一个维度。由此，患者有2到3个症状可归为"轻度SUD"，有4到5个症状可归为"中度SUD"，有6到11个症状可归为"重度SUD"。自这一新的成瘾诊断分类体系建立以来，该体系的反对者认为，单一维度的分类没有反映出成瘾特征的离散性质，即戒断、耐受和渴求。事实上，这些观点在概念上和经验上都是截然不同的，随后的章节将陆续讨论这些观点的神经科学基础。

表1.2 从DSM-IV到DSM-5对成瘾诊断的修订

评判标准	DSM-IV 物质滥用	DSM-IV 物质依赖	DSM-5 SUD
耐受		×	×
戒断		×	×
比预期更多、更久		×	×
对戒药的渴望、戒药失败		×	×
与物质有关的活动占据了大量时间		×	×
尽管知道物质使用的相关后果，却仍然使用		×	×
因物质使用而放弃重要活动		×	×
反复使用物质而导致未能履行重要角色的义务	×		×
反复使用物质而导致生理上的危险行为（例如驾驶机动车）	×		×
尽管反复出现因使用物质而产生的社会问题，却仍然持续使用物质	×		×
对物质的渴求			×

另一处修订是针对不同物质的物质使用障碍的总体标准以及行为成瘾（例如赌博障碍）。DSM-5有一节内容提到了一些用于改进人格障碍的诊断工具以及将来该手册再版时可能会被考虑到的诊断方法。这一节（第3节）还谈到了网络游戏障碍和咖啡因使用障碍。

成瘾的大脑疾病模型

如前所述，将成瘾视为一个社会问题的观点忽视了大脑在与成瘾有关的行为症状中的作用。而目前干预措施试图在不针对潜在机制的情况下改变行为。那么，成瘾的潜在机制是什么呢？我们对成瘾作为大脑疾病的了解，大部分源于大约30年前开始的开创性动物研究。例如，利用颅内自刺激的动物实验证明了动物会自愿服用滥用药物，以及这些药物如何改变动物的奖赏阈值（图1.2a）。在一项关于吗啡积极强化作用的经典研究中，威克斯（Weeks）和他的同事们训练大鼠自行通过静脉注射吗啡（Weeks, 1962）。他们发现，不受行为限制的大鼠会自行注射吗啡，并且大鼠注射剂量越大，自行注射的次数就越少。经典条件反射模型（比如条件性位置偏爱试验）表明药物的奖赏特性与表示接触药物的信号之间存在配对关联，也暗示奖赏学习机制（reward learning mechanisms）存在适应性（图1.2b）。行为敏化模型（behavior sensitization model）评估了反复使用药物的结果，并暗示在继续使

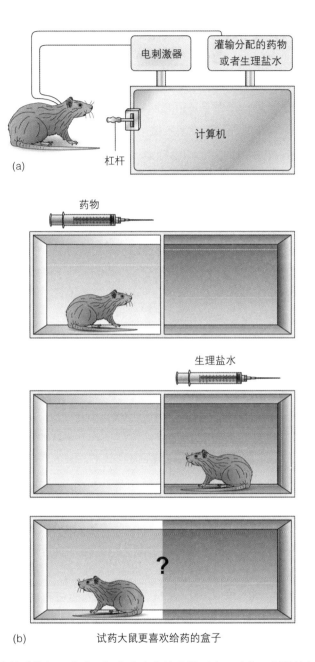

图1.2 成瘾研究中的动物行为范式。(a) 在自身给药模型中,动物不断地执行一个动作(比如按压杠杆),以获得奖赏或在大脑奖赏位点(自我刺激)承受颅内电流。(b) 在位置偏好模型中,动物在曾经反复给药的环境中停留较长时间,显示出药物的正强化机制。

(摘自 Camí & Farré, 2003. © 2003 Massachusetts Medical Society, USA.)

用后会出现增强反应。这些模型展示了从最初对药物的享乐反应（"喜欢"药物）到向往或渴望（"想要"药物）的成瘾过程。例如，行为敏化已经在对高剂量安非他明（如在腹腔注射 2.0 mg/kg 安非他明）敏感的大鼠的自发活动方面得到描述，最初的减缓之后会出现增加（Leith & Kuczenski, 1982）。另一个例子是行为恢复模型（reinstatement model），它也评估了反复的药物接触是如何影响行为的，该模型还被用于测试药物复吸的机制。在这些模型中，对药物已经建立起来的操作性行为，比如已经消失的按压杠杆反应，会再次出现或恢复。例如，动物对先前药物配对环境的位置偏好会被恢复。这些动物模型已经被转化为人类模型（在第 2 章中讨论），并且通过先进的技术（在第 2 章中讨论）和专注的科学研究，人们现在越来越了解神经生物学机制在成瘾相关过程中起到的关键作用。这些过程将在后续章节中逐一讨论。

由于每种物质对大脑的作用机制都是独特的，所以它们对行为最初的影响差别很大。阿片类物质与大脑中的 μ 受体结合，从而产生欣快、镇静和安宁的感觉。μ 受体的重要性在研究中得到证实：缺乏 μ 受体的小鼠不会表现出这些行为效果，也不会表现出躯体成瘾现象。大麻也能使人放松，但它是通过与大脑中的大麻素（CB1）受体结合而发挥作用的。这些影响还包括幸福感以及认知功能的衰退。虽然酒精可以调节包括 5-羟色胺（5-hydroxytryptamine, 5-HT）、烟碱、γ-氨基丁酸（GABA）和 N-甲基-D-天冬氨酸（NMDA）受体在内的多种受体的活性，但酒精也会导致认知功能的衰退。一般来说，精神兴奋剂通过阻断多巴胺、去甲肾上腺素和 5-HT 的再摄取，继而产生相反的效果，比如提高警觉性、觉醒、注意力和运动能力。这造成神经递质在突触间隙的快速释放和累积。

尽管物质有如此广泛的机制和作用，但是实际上几乎所有成瘾物质都针对大脑边缘和额叶内侧区域。这些区域形成了一条神经通路，主要由来自中脑腹侧被盖区（ventral tegmental area，VTA）多巴胺能投射支配，并投射到杏仁核和伏隔核。由于多巴胺在享乐反应中的作用，这条神经通路被称为多巴胺奖赏通路，它在处理奖赏性药物和非药物刺激方面发挥了作用（图 1.3）。除了多巴胺，该通路还受到阿片类物质、GABA 和内源性大麻素的调节，并参与情绪和动机处理。因此，这一通路在吸毒及其渴望和冲动的意识体验中至关重要。药物正是在这一通路中发挥作用。因此，处于这条通路内的大脑区域可能会经受广泛且可能是永久性的改变。成瘾的一些症状，比如耐受反应和戒断性，就是这种适应性的例子。因此，滥用药物改变了奖赏通路的神经传输和功能，使其从维持机体（即通过自然、非药物的奖赏）的进化角色进行转变。这种失调的奖赏网络导致机体对自然奖赏的反应降低。这种神经适应或"劫持"大脑的现象正是将成瘾归类为大脑疾病的原因。

中脑边缘奖赏通路中的神经传导变化还会导致其他神经化学系统（如应激系统）发生一系列事件。实际上，研究发现长期服用药物会导致应激激素（比如下丘脑—脑垂体—肾上

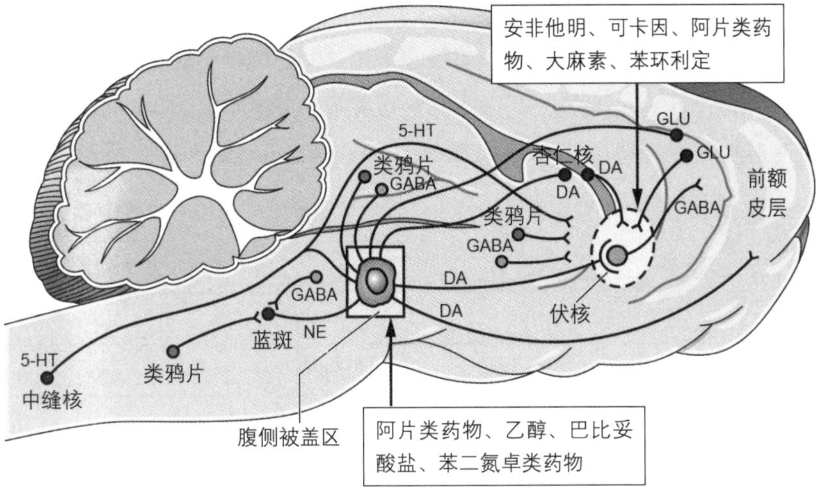

图1.3 各种药物对中脑皮质边缘奖赏系统的作用部位。虽然该通路的主要神经递质是多巴胺（DA），但该通路由谷氨酸能（GLU）投射、γ-氨基丁酸（GABA）去甲肾上腺素（NE）和5-羟色胺能（5-HT）投射支配。

（摘自Camí & Farré, 2003. © 2003 Massachusetts Medical Society, USA.）

腺轴的促肾上腺皮质释放因子）失调。乔治·库布（George Koob）将这种"反奖赏系统"描述为应激系统的失调，它导致了在药物戒断期间出现消极情绪状态（Koob, 2006）。库布将这种消极状态称为"成瘾的阴暗面"，它通常与戒断症状有关。最后，与成瘾有关的强迫性药物寻求与诸如决策能力、抑制性控制、学习和记忆方面的认识损害有关。这些是前额皮层（prefrontal cortex，PFC）区域负责的认知功能。大脑中的一些变化是长期的，这导致了长期戒断后该病的复发特性。

人类神经成像研究证实了这些系统在成瘾中的作用。例如，正电子发射断层扫描（positron emission tomography，PET）和磁共振成像（magnetic resonance imaging，MRI）扫描等技术显示，在药物成瘾期间，包括眶额皮层、PFC、前扣带回、杏仁核和伏隔核在内的中脑皮质边缘通路被激活。虽然PET和MRI只能间接地测量神经活动，但这些结果可能是由药物使用过程中该通路多巴胺水平增加所致。值得关注的是，在戒断期间，我们可以观察到相反的效果（即活性降低）。

非药物成瘾

到目前为止，本章主要关注了对物质滥用的反应（有时也称为"化学成瘾"）。然而，越来越多的研究发现非物质成瘾或"行为成瘾"也会出现类似的行为症状（耐受性、戒断性、强迫性）。这些已在饮食、性/色情、锻炼、赌博、电子游戏和晒黑等强迫性活动中得到证实（Holden，2010）。这些强迫性疾病以前被归类为"与药物相关的障碍""无特别说明的冲动控制障碍""进食障碍"。但是，新兴的神经成像研究表明，这些行为成瘾可能与物质成瘾具有相似的机制（表1.3）。（Holden，2001; Probst & van Eimeren，2013）。

表1.3　SUDs和强迫性过度进食之间行为症状的重叠概述（Volkow & O'Brien, 2007）

SUDs	强迫性过度进食
耐受	增加食物量以保持饱腹感
戒断症状	节食期间焦虑和烦躁
使用的比预期的多	食用量超出了预期
持续的戒断欲望	持续对减少食用量的渴望
在使用或获得物质上花费大量的时间	吃饭占据了大部分时间
社交活动减少	由于害怕被拒绝或由于身体上的限制而放弃活动
尽管身心有问题，仍继续服用物质	尽管会对身心造成不良影响，仍过度进食

行为成瘾模型已经通过动物模型得到了验证。例如，在静脉注射自身给药实验中，接受训练通过按压杠杆来获得可口食物（比如糖和糖精）的大鼠被发现减少了可卡因和海洛因的自给药量（Lenoir & Ahmed, 2008）。这一出乎意料的发现表明，即使在有大量药物摄入史的动物中，这些天然强化物（即甜食）也比可卡因具有更高的强化价值。霍贝尔（Hoebel）等人（2009）的研究也证明了在间歇性摄入糖分后，行为可塑性得到了提高，支持了糖摄入符合成瘾标准的观点。通过观察在自身给糖期间糖摄入量的增加，耐受也得到了关注（Colantuoni et al., 2001）。值得关注的是，糖和脂肪的摄入被剥夺之后，动物会出现如焦虑和抑郁等戒断症状（Colantuoni et al., 2002）。

神经成像研究表明，在患有赌博成瘾（Worhunsky et al., 2014）、性成瘾（Kuhn & Gallinat, 2014）、网络/电视游戏成瘾（Kim et al., 2014）、饮食成瘾（Filbey et al., 2012）、购物成瘾（Dagher, 2007）和晒黑成瘾（Kourosh et al., 2010）的人类个体中，中脑边缘奖赏系统具有类似于药物成瘾的神经反应。这些研究表明，奖赏系统是这些强迫行为所导致的神经适应的原因。皮彻斯（Pitchers）等人（2010）报告了在性体验"戒断"期间，大鼠伏隔核内树突和树突棘的形式上发生的神经适应。此外，就像滥用药物和其他自然奖赏一样，啮齿类动物的运动被证明与伏隔核和纹状体中多巴胺信号的增加有关（Freed & Yamamoto, 1985; Hattori et al., 1994）。值得注意的是，尽管影响的大脑区域存在重叠，但单一记录表明，不同细胞群分别负责对自然奖赏和滥用药物（如可卡因、乙醇）的自身给药的反应

（Bowman et al.，1996；Carelli，2002；Carelli et al.，2000；Robinson & Carelli，2008）。重要的是，最新的临床证据表明，用于治疗药物成瘾的药物疗法可能会成功治愈非药物成瘾。例如，据报道，纳曲酮、纳美芬、N-乙酰半胱氨酸和莫达非尼都可以减少病态赌徒的嗜赌欲望（Grant et al.，2006；Kim et al.，2001；Leung & Cottler，2009）。

本章总结
- 有关动物和人类的研究文献都支持这样的观点：成瘾是一种源于中脑边缘通路中正性强化机制的大脑疾病。
- 长期的物质使用会导致主要发生在这条通路上的神经适应，继而产生成瘾的行为症状。
- 这些适应还导致了其他大脑系统的变化，包括应激系统。
- 通过这个循环，成瘾成为一种慢性复发性疾病。
- 最近，有证据表明非药物成瘾的神经机制与物质成瘾的神经机制类似。

回顾思考
- DEA是如何划定五种药物分类的？
- 根据临床指南，当前（即DSM-5）SUD的主要症状是什么？
- 有哪些开创性的动物研究有助于我们理解成瘾是一种大脑疾病？
- 多巴胺在成瘾的过程中是如何发挥关键作用的？

拓展阅读
- Babor, T. F. (2011). Substance, not semantics, is the issue: comments on the proposed addiction criteria for DSM-V. *Addiction*, 106(5), 870–872; discussion 895–877. doi:10.1111/j.1360-0443.2010.03313.x
- Barnett, A. I., Hall, W., Fry, C. L., Dilkes-Frayne, E. & Carter, A. (2017). Drug and alcohol treatment providers' views about the disease model of addiction and its impact on clinical practice: a systematic review. *Drug Alcohol Rev,* 37(6), 697–720. doi:10.1111/dar.12632
- Burrows, T., Kay-Lambkin, F., Pursey, K., Skinner, J. & Dayas, C. (2018). Food addiction and associations with mental health symptoms: a systematic review with meta-analysis. *J Hum Nutr Diet,* 31(4), 544–572. doi:10.1111/jhn.12532
- Diana, M. (2011). The dopamine hypothesis of drug addiction and its potential therapeutic value. *Front Psychiatry,* 2, 64. doi:10.3389/fpsyt.2011.00064

- Grant, J. E. & Chamberlain, S. R. (2016). Expanding the definition of addiction: DSM-5 vs. ICD-11. *CNS Spectr,* 21(4), 300–303. doi:10.1017/ S1092852916000183
- Hou, H., Wang, C., Jia, S., Hu, S. & Tian, M. (2014). Brain dopaminergic system changes in drug addiction: a review of positron emission tomography findings. *Neurosci Bull,* 30(5), 765–776. doi:10.1007/s12264-014-1469-5
- Lewis, M. D. (2011). Dopamine and the neural "now": essay and review of addiction: a disorder of choice. *Perspect Psychol Sci,* 6(2), 150–155. doi:10.1177/1745691611400235
- Singer, M. (2012). Anthropology and addiction: an historical review. *Addiction,* 107(10), 1747–1755. doi:10.1111/j.1360-0443.2012.03879.x

聚焦　致幻蘑菇中仍然未知的奥秘

《加拿大医学协会杂志》2015年发表的一份报告指出，一些小型研究显示，像LSD和MDMA（3，4-亚甲二氧基甲基苯丙胺，俗称摇头丸）这样的迷幻药物可以有效地减轻创伤后应激障碍（post-traumatic stress disorder，PTSD）焦虑的症状并缓解成瘾（Tupper et al., 2015）。例如，2014年在瑞士进行的一项小型研究发现，绝症患者接受LSD和心理治疗后，焦虑症状减轻了（Gasser et al., 2014）。美国针对一小部分患者的一项研究也发现，MDMA能显著减轻PTSD的症状。但不容忽视的是，迷幻药物对情绪和认知以及感觉处理和知觉上有负面影响。例如，LSD、裸盖菇素（从致幻蘑菇中提取）和麦司卡林可能导致精神病或幻觉（图S1.1）。

图S1.1　致幻蘑菇。

（摘自 https://pixabay.com/cn/alone-autumn-background-britain-1239208/ ）

自 20 世纪 50 年代以来，迷幻药物的治疗效果一直备受争议。然而，我们仍然未知迷幻药物是如何影响大脑的。此外，除了相关的风险和益处外，我们应该出于什么目的而使用迷幻药物也有待确定。

研究使用迷幻药物治疗 PTSD 的斯蒂芬·基什（Stephen Kish）认为，迷幻药物会增强一个人的社交能力，这可能会促进患者与治疗师之间的互动（Kish et al., 2010）。但他也指出，迷幻药物会引起幻觉，在某些情况下还会导致精神病。

这些研究中最令人担忧的是人们会自行使用迷幻药物进行治疗。事实上，市面上的迷幻药物大多纯度不高，若自行使用，则可能导致严重的健康问题，甚至死亡。

参考文献

Babor, T. F. (1994). Overview: demography, epidemiology and psychopharmacology–making sense of the connections. *Addiction*, 89(11), 1391–1396.

Blackwell, D. L., Lucas, J. W. & Clarke, T. C. (2014). *Summary Health Statistics for U.S. Adults: National Health Interview Survey, 2012*. Vital Health Statistics, Series 10, No. 260. Hyattsville, MD: National Center For Health Statistics.

Bowman, E. M., Aigner, T. G. & Richmond, B. J. (1996). Neural signals in the monkey ventral striatum related to motivation for juice and cocaine rewards. *J Neurophysiol,* 75(3), 1061–1073. doi:10.1152/jn.1996.75.3.1061

Camí, J. & Farré, M. (2003). Drug addiction. *N Engl Med,* 349(10), 975–986. doi:10.1056/NEJMra023160

Carelli, R. M. (2002). The nucleus accumbens and reward: neurophysiological investigations in behaving animals. *Behav Cogn Neurosci Rev,* 1(4): 281–296. doi:10.1177/1534582302238338

Carelli, R. M., Ijames, S. & Crumling, A. (2000). Evidence that separate neural circuits in the nucleus accumbens encode cocaine versus "natural" (water and food) reward. *J Neurosci,* 20(11), 4255–4266. doi:10.1523/JNEUROSCI.20-11-04255.2000

Cicero, T. J., Ellis, M. S., Surratt, H. L. & Kurtz, S. P. (2014). The changing face of heroin use in the United States: a retrospective analysis of the past 50 years. *JAMA Psychiatry,* 71(7), 821–826. doi:10.1001/jamapsychiatry.2014.366

Colantuoni, C., Schwenker, J., McCarthy, J., *et al.* (2001). Excessive sugar intake alters binding to dopamine and mu-opioid receptors in the brain. *Neuroreport*, 12(16), 3549–3552.

Colantuoni, C., Rada, P., McCarthy, J., et al. (2002). Evidence that intermittent, excessive sugar intake causes endogenous opioid dependence. *Obes Res,* 10(6), 478–488. doi:10.1038/oby.2002.66

Dagher, A. (2007). Shopping centers in the brain. *Neuron,* 53(1), 7–8. doi:10.1016/j.neuron.2006.12.014

Filbey, F. M., Ray, L., Smolen, A., et al. (2008). Differential neural response to alcohol priming and alcohol taste cues is associated with DRD4 VNTR and OPRM1 genotypes. *Alcohol Clin Exp Res*, 32(7), 1113–1123. doi:10.1111/j.1530-0277.2008.00692.x

Filbey, F. M., Myers, U. S. & Dewitt, S. (2012). Reward circuit function in high BMI individuals with compulsive overeating: similarities with addiction. *Neuroimage*, 63(4), 1800–1806. doi:10.1016/j. neuroimage.2012.08.073

Freed, C. R. & Yamamoto, B. K. (1985). Regional brain dopamine metabolism: a marker for the speed, direction, and posture of moving animals. *Science*, 229(4708), 62–65. doi:10.1126/science.4012312

Gasser, P., Holstein, D., Michel, Y., et al. (2014). Safety and efficacy of lysergic acid diethylamide-assisted psychotherapy in subjects with anxiety associated with life-threatening diseases: a randomized active placebo-controlled phase 2 pilot study. *J Nerv Ment Dis*, 202(7), 513–520. doi:10.1097/NMD.0000000000000113

Giorgio, A., Watkins, K. E., Chadwick, M., et al. (2010). Longitudinal changes in grey and white matter during adolescence. *Neuroimage*, 49(1), 94–103. doi:10.1016/j.neuroimage.2009.08.003

Gogtay, N., Giedd, J. N., Lusk, L., et al. (2004). Dynamic mapping of human cortical development during childhood through early adulthood. *Proc Natl Acad Sci USA*, 101(21), 8174–8179. doi:10.1073/pnas.0402680101

Grant, J. E., Potenza, M. N., Hollander, E., et al. (2006). Multicenter investigation of the opioid antagonist nalmefene in the treatment of pathological gambling. *Am J Psychiatry*, 163(2), 303–312. doi:10.1176/ appi.ajp.163.2.303

Hasan, K. M., Sankar, A., Halphen, C., et al. (2007). Development and organization of the human brain tissue compartments across the lifespan using diffusion tensor imaging. *Neuroreport*, 18(16), 1735–1739.

Hattori, S., Naoi, M. & Nishino, H. (1994). Striatal dopamine turnover during treadmill running in the rat: relation to the speed of running. *Brain Res Bull*, 35(1), 41–49. doi:10.1016/0361-

9230(94)90214-3

Hoebel, B. G., Avena, N. M., Bocarsly, M. E. & Rada, P. (2009). Natural addiction: a behavioral and circuit model based on sugar addiction in rats. *J Addict Med*, 3(1), 33–41. doi:10.1097/ADM.0b013e31819aa621

Holden, C. (2001). 'Behavioral' addictions: do they exist? *Science*, 294(5544), 980–982. doi:10.1126/science.294.5544.980

(2010). Behavioral addictions debut in proposed DSM-V. *Science*, 327 (5968), 935. doi:10.1126/science.327.5968.935

Jarvis, M. J., Fidler, J., Mindell, J., Feyerabend, C. & West, R. (2008). Assessing smoking status in children, adolescents and adults: cotinine cut-points revisited. *Addiction*, 103(9), 1553–1561. doi:10.1111/j.1360-0443.2008.02297.x

Kim, J. E., Son, J. W., Choi, W. H., *et al*. (2014). Neural responses to various rewards and feedback in the brains of adolescent Internet addicts detected by functional magnetic resonance imaging. *Psychiatry Clin Neurosci*, 68(6), 463–470. doi:10.1111/pcn.12154

Kim, S. W., Grant, J. E., Adson, D. E. & Shin, Y. C. (2001). Double-blind naltrexone and placebo comparison study in the treatment of pathological gambling. *Biol Psychiatry*, 49, 914–921. doi:10.1016/ S0006-3223(01)01079-4

Kish, S. J., Lerch, J., Furukawa, Y., *et al*. (2010). Decreased cerebral cortical serotonin transporter binding in ecstasy users: a positron emission tomography/[^{11}C]DASB and structural brain imaging study. *Brain*, 133 (6), 1779–1797.

Koob, G. F. (2006). The neurobiology of addiction: a neuroadaptational view relevant for diagnosis. *Addiction*, 101, Suppl. 1, 23–30. doi:10.1111/ j.1360-0443.2006.01586.x

Kourosh, A. S., Harrington, C. R. & Adinoff, B. (2010). Tanning as a behavioral addiction. *Am J Drug Alcohol Abuse*, 36(5), 284–290. doi:10.3109/00952990.2010.491883

Kuhn, S. & Gallinat, J. (2014). Brain structure and functional connectivity associated with pornography consumption: the brain on porn. *JAMA Psychiatry*, 71(7), 827–834. doi:10.1001/jamapsychiatry.2014.93

Lebel, C., Caverhill-Godkewitsch, S. & Beaulieu, C. (2010). Age-related variations of white matter tracts. *Neuroimage*, 52(1), 20–31. doi:10.1016/j.neuroimage.2010.03.072

Leith, N. J. & Kuczenski, R. (1982). Two dissociable components of behavioral sensitization following repeated amphetamine administration. *Psychopharmacology (Berl)*, 76(4), 310–315.

Lenoir, M. & Ahmed, S. H. (2008). Supply of a nondrug substitute reduces escalated heroin consumption. *Neuropsychopharmacology*, 33(9), 2272–2282. doi:10.1038/sj.npp.1301602

Leung, K. S. & Cottler, L. B. (2009). Treatment of pathological gambling. *Curr Opin Psychiatry*, 22(1), 69–74. doi:10.1097/ YCO.0b013e32831575d9

Pitchers, K. K., Balfour, M. E., Lehman, M. N., *et al.* (2010). Neuroplasticity in the mesolimbic system induced by natural reward and subsequent reward abstinence. *Biol Psychiatry* 67(9), 872–879. doi:10.1016/j. biopsych.2009.09.036

Probst, C. C. & van Eimeren, T. (2013). The functional anatomy of impulse control disorders. *Curr Neurol Neurosci Rep*, 13(10), 386. doi:10.1007/ s11910-013-0386-8

Robinson, D. L. & Carelli, R. M. (2008). Distinct subsets of nucleus accumbens neurons encode operant responding for ethanol versus water. *Eur J Neurosci*, 28(9), 1887–1894. doi: 10.1111/j.1460-9568.2008.06464.x

Shaw, P., Kabani, N. J., Lerch, J. P., *et al.* (2008). Neurodevelopmental trajectories of the human cerebral cortex. *J Neurosci*, 28(14), 3586–3594. doi:10.1523/JNEUROSCI.5309-07.2008

Tupper, K. W., Wood, E., Yensen, R. & Johnson, M. W. (2015). Psychedelic medicine: a re-emerging therapeutic paradigm. *CMAJ*, 187(14), 1054–1059. doi:10.1503/cmaj.141124

UNODC. (2012). *World Drug Report* 2012. Vienna, Austria: United Nations. Available at: www.unodc.org/documents/data-and-analysis/WDR2012/ WDR_2012_web_small.pdf

Volkow, N. D. & O'Brien, C. P. (2007). Issues for DSM-V: should obesity be included as a brain disorder? Am J Psychiatry, 164(5), 708–710. doi:10.1176/appi.ajp.164.5.708

Weeks, J. R. (1962). Experimental morphine addiction: method for automatic intravenous injections in unrestrained rats. *Science*, 138 (3537), 143–144.

Worhunsky, P. D., Malison, R. T., Rogers, R. D. & Potenza, M. N. (2014). Altered neural correlates of reward and loss processing during simulated slot-machine fMRI in pathological gambling and cocaine dependence. *Drug Alcohol Depend*, 145, 77–86. doi:10.1016/j. drugalcdep.2014.09.013

第2章
研究成瘾的神经科学方法

学习目标
- 能够识别当前用于研究人类成瘾的神经成像技术。
- 了解当前神经成像研究的局限性。
- 能够描述每种神经成像技术的基本特征。
- 了解神经成像技术可以检查的各种大脑机制。
- 能够理解如何将神经成像技术应用于临床和研究实践。

引言

我们对成瘾是一种脑部疾病的理解，在很大程度上归功于脑成像技术的进步。虽然各项研究中方法上的差异可能会增加对这一认识的复杂性，但通过使用将神经科学与其他学科（如行为研究、遗传学和药理学）相结合的多元方法，可以更深入地了解这些机制。此外，将非人类研究中的经验用于人类试验的转化研究，丰富了我们对成瘾过程整体机制的理解。

多年来，这些神经成像技术是如何发展的？它们提供了哪些超出我们临床所能了解的信息？我们如何利用神经成像研究的发现来改善成瘾者的生活？

对大脑电活动的测量

脑电图（electroencephalography，EEG）技术在20世纪20年代出现，这项技术利用了大脑的电生理特性。通过测量这些电生理信号或"脑电波"，我们能够确定大量具有代表性的皮质神经元（主要是锥体细胞）样本的电荷模式（频率、电压、形态和形貌特征）。这些电荷模式可以反映包括神经元细胞膜上的离子梯度以及兴奋性和抑制性突触后电位在内的神经元因素和活动,从而推断出大脑功能。EEG通过将电极放置在颅外(头皮上)或颅内(通过手术直接将电极放置在大脑表面)来记录大脑产生的电压波动。目前,有多达256个电极的高密度阵列EEG系统可供选择,但临床研究的理想状态是至少有21个电极。当前,尽管电信号能够提供具有高时间分辨率的大脑活动数据,但三维大脑的二维EEG展现的空间分辨率方面的不足限制了对数据的解释。因此,颅外EEG记录中的信号源定位受到限制。此外,EEG记录的是大量神经元同步活动的结果,这掩盖了小规模活动或来自较小神经元样本的活动。

大脑中电生理活动产生的总效应还会产生一个可探测的磁场。脑磁图(Magnetoencephalography,MEG)是一种测量大脑电活动产生的磁场的技术(图2.1)。神经元发出的磁场穿过大脑组织和颅骨时几乎没有失真,因此相对于EEG,MEG在头皮对磁场的失真较小的情况下具有更好的空间定位。尽管大脑的磁场为10^{-15}特斯拉(Tesla,T),但超导量子干涉仪(superconducting quantum interference device,SQUID)的超导传感器能够检测并记录该信号。MEG头盔内嵌有300多个固定的SQUID传感器。锥体细胞垂直于皮层表面,SQUID传感器可放大由锥体细胞树突的胞内电流产生的磁场。虽然MEG具有直接测量神经活动的优势,但由于来自深部神经元的信号会在一定距离范围内迅速衰减,它只对皮层表面几厘米的磁场较为敏感(Cohen & Cuffifin, 1991; Huettel et al., 2008)。MEG信号也极易受到如汽车经过或其他电源的电磁干扰。因此,MEG扫描仪必须放置于磁屏蔽室中。

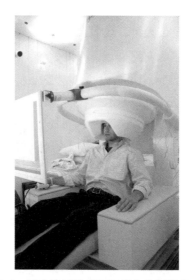

图2.1 正在接受脑磁图扫描仪检测的患者。

(摘自 https://images.nimh.nih.gov/public_il/image_details.cfm?id=80. © National Institute of Mental Health, National Institutes of Health, Department of Health and Human Services.)

EEG和MEG都是研究事件相关电位、电场，或是在时频域研究振荡活动的直接测量大脑功能的方法。它们提供了毫秒级的超高时间分辨率。这些技术可以在颅外进行，是非侵入性的，也不需要注射药物或暴露于X射线下。因此，这些技术几乎可适用于所有人群。最后，这些技术的被动性质决定了它们在大多数情况下都可以被记录，尤其是EEG。

大脑结构和功能的可视化

自20世纪70年代被首次使用以来，磁共振成像（magnetic resonance imaging，MRI）已成为当今使用最广泛的神经成像技术之一。MRI作为一种诊断成像方式，具有一定的灵活性和敏感性，能够表征广泛的参数，因此至今都被视为"最先进"的技术。MRI的基本概念在于发现水分子中质子的磁共振及其与磁场的相互作用。布洛赫（Bloch）和珀塞尔（Purcell）测量了质子在特定磁场内有效前旋的特性，从而产生MRI信号（Block et al., 1946; Purcell et al., 1946）。在MRI扫描期间，射频源发射的射频脉冲使质子沿不同方向旋转。当射频脉冲关闭时，质子回到其低能量状态并在磁场内恢复正常排列。这种回到低能量状态或弛豫会以光的形式释放储存的能量，这种光被磁共振扫描仪检测到，并转换为我们能看到的图像（图2.2）。

MRI能生成大脑宏观和微观结构、功能和神经化学成分的高分辨率图像（图2.3）。结构MRI扫描可提供大脑解剖结构的静态图像。从这些图像中，大脑区域的结构尺寸（如体积）、形状和组织组成都可以被定量检测到。

在微观结构层面，弥散张量成像（diffusion tensor imaging，DTI）可检测水分子在组织中的运动，从而提供有关大脑白质纤维的结构和完整性的信息。DTI指数可以量化纤维束的长度（如纤维束造影）以及水分子通过脑组织的方向性（如各向异性分数）和扩散性（如轨迹）。高各向异性分数和低扩散性表明个体具有较为健康的白质（图2.4）。

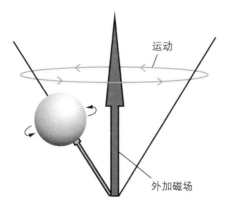

图2.2　MRI的机制。MRI信号源于旋转质子围绕磁场轴（中心箭头）的旋转或运动。

图2.3 一名正在接受磁共振成像检查的病人。

(摘自 https://commons.wikimedia.org/wiki/File:US_Navy_030819-N-9593R-228_Civilian_technician,_Jose_Araujo_watches_as_a_patient_goes_through_a_Magnetic_Resonance_Imaging,_（MRI）_machine.jpg. CC-PD National Naval Medical Center, Bethesda, MD, 2003）

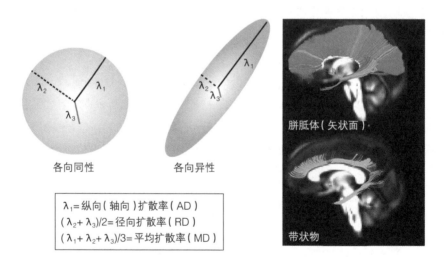

图2.4 灰质中的水分扩散主要是各向同性的（足球状），而致密的白质束具有指向纤维束方向的高度各向异性的（橄榄球状）水分扩散。最常用的表征方向扩散参数是各向异性分数（fractional anisotropy, FA）。该测量方法给出了一个介于0和1之间的数值，以指示在纵向方向上的扩散比例与在两个横向方向上的扩散比例的比值。其他表征方向扩散的参数有轴向扩散率（axial diffusivity, AD）、径向扩散率（radial diffusivity, RD）和平均扩散率（mean diffusivity, MD）。

(摘自 Whitford et al., 2011；彩色版本请扫描附录二维码查看。)

除了结构信息外，MRI还可以进行功能成像，从而提供大脑的动态生理信息。功能磁共振成像（functional MRI，fMRI）范式提供有关任务引起的以及静息基线状态下神经激活的近实时信息。fMRI扫描的基本元素是血氧水平依赖（blood oxygenated level dependent，BOLD）信号。BOLD信号最初由小川诚司（Seiji Ogawa）于1990年发现，它是指MRI可检测到生物体内血氧变化导致的磁信号的变化。BOLD信号提供了大脑活跃区域的信息，因为这些区域需要更多的能量。因此，它是一种对神经功能的间接测量，并基于对潜在神经元活动的假设。fMRI还包括灌注技术（有、无内源性或外源性造影剂）、区域脑血流和脑脊液搏动测量以及相位流量测量。

扫描仪硬件和扫描序列方面的创新继续为MRI诊断技术带来进步。这些改进包括高达11.75T的超高场成像（标准医院MRI为1.5或3T）、通过先进的线圈技术进行的多波段成像、更短的回波时间成像和包括PET-MRI、SPECT-MRI和EEG-MRI在内的同步扫描模式，以及新型分子MRI制剂的开发。因此，我们通过MRI技术对脑机制的研究仍在不断取得进展。

计算机断层扫描（computed tomography，CT）和正电子发射断层扫描（positron emission tomography，PET）也分别提供了大脑结构和功能的可视化。但是，随着MRI的出现，PET现在被更广泛地用于检测大脑分子，这将在下一节中进一步讨论。

生化成像

其他成像技术也提供了定量测量大脑分子的手段。这些技术包括磁共振波谱（magnetic resonance spectroscopy，MRS）（图2.5）、PET和单光子发射计算机断层扫描（single-photon emission computed tomography，SPECT）。

MRS使用MRI扫描仪进行，其测量的是脑组织中如N-乙酰天冬氨酸（N-acetylaspartate, NAA）、胆碱和肌酸的代谢物特有的射频信号或频谱内的峰值。MRS不使用放射性同位素，但是PET和SPECT则将放射性核苷酸注入被试体内。PET和SPECT技术的优势在于能提供生物化学信息。PET的配体可以结合目标分子或神经受体，例如葡萄糖、多巴胺、5-HT和阿片类受体等。通过这种方式，研究人员可以量化葡萄糖代谢和相关目标受体的变化。PET和SPECT都可以检测到放射性示踪剂衰变发出的γ射线，并将其转换为图像。但是，它们的不同之处在于，PET对γ射线的检测灵敏度更高（高达1000倍），放射性示踪剂的半衰期更短，并且PET比SPECT具有更高的图像质量。总之，生化成像的优点不仅在于能够检测病理机制和潜在的病理生物标志物，还在于能够建立对神经传递和代谢的诊断与药物干预手段。

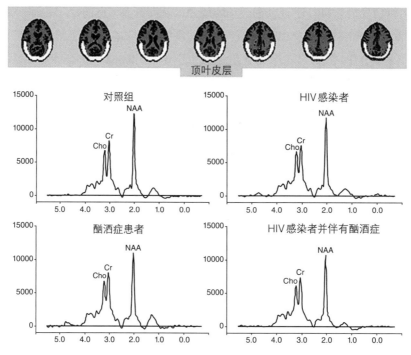

图2.5　一名34岁感染人类免疫缺陷病毒（human immunodeficiency virus，HIV）且有酒精依赖症的男性患者的MRS图像。由MRS采集的脑部图像显示用于代谢物定量的顶叶皮层区域（白色标示）。上图显示了仅HIV感染者、酗酒症患者、HIV感染者并伴有酗酒症，以及既没有感染HIV又没有患有酗酒症的对照人员的各种大脑代谢物的MRS谱图。与其他组相比，代谢物NAA的峰值在HIV感染者并伴有酗酒症这组中最低。Cho，胆碱；Cr，肌酸。

（摘自 Rosenbloom et al., 2010. © 2010 Alcohol Research: Current Reviews, USA.）

神经成像研究的局限性

目前，我们对与成瘾相关的大脑变化的认识受到在人类身上进行这类研究的可行性的限制。具体而言，尽管相关研究结果指出了一些可能与成瘾改变大脑相关的潜在机制，但我们只能推断出两者的因果关系（即成瘾导致大脑变化，还是大脑变化导致成瘾），而不能通过直接测试得出结论。换句话说，这些大脑的改变是因还是果？我们需要考虑两种情况，分别是：情况一，观察到的变化是接触成瘾物质的直接结果；情况二，在接触成瘾药物之前，观察到的改变就已存在，并且是导致物质滥用和依赖的风险因素。如果没有一项前瞻性的纵向研究来检测暴露于成瘾物质之前和之后的大脑，那么大脑改变是因还是果的争论可能永远无法得到明确的答案。但是，有多种方法试图提供一些可能表明两者因果关系的信息，每种方法都试图增进我们对于成瘾的神经机制的理解。然而，由于方法的差异，这其中有相当一部分研究存在着相互矛盾。例如，遗传、家庭、兄弟姐妹和双胞胎的研究试图将可能与遗传因素和物质接触有关的大脑变化分开。我们在针对大麻成瘾者的研究工作中发现，大麻素受体基因与大麻使用对杏仁核体积的影响存在相互作用，这表明大麻的影响与遗传倾向性存在相互作用，从而决定杏仁核的大小（Schacht et al.，2012）。但是，帕格利亚乔（Pagliaccio）等人最近发表的一项研究报告（2015）显示，大麻的使用对杏仁核的体积没有影响。具体来说，虽然该报告说大麻成瘾者的杏仁核体积比非成瘾者的小，但大麻成瘾者杏仁核体积与其兄弟姐妹相比，没有差异。这些发现表明，以前报道的药物成瘾者和非成瘾者之间的脑容量差异可能不是由于大麻引起的，而是基因遗传上预先决定的大脑差异，使人们在对大麻成瘾的风险上存在差异。简而言之，人类在该领域仍有许多工作要做，但是现有文献指出了一个非常具有挑战性但值得期待的前景，可能涉及多层级功能，并涉及多个起调节和中介作用的脑区。

本章总结

- 神经科学技术的进步为人类理解成瘾是一种大脑疾病铺平了道路。
- 神经成像技术具有测量大脑电生理、功能、结构和生化成分的能力。
- 大脑成像技术为大脑结构和功能与成瘾行为症状之间的关联提供了证据。
- 了解成瘾行为症状背后的神经机制对于确定治疗干预的潜在目标很重要。
- 未来的研究应该集中在确定大脑变化和成瘾物质之间的确切关系上。

回顾思考

- 神经成像技术的进步如何影响我们对成瘾的理解？
- EEG和MEG有何不同？
- MRI可以使用哪些不同的技术？
- PET与MRI的区别是什么？
- 我们可以用MRS测量哪些生化物质？
- 在神经成像学术语中，"静息状态"的定义是什么？
- 在解释神经成像结果时，我们应该注意哪些局限性？

拓展阅读

- Garrison, K. A. & Potenza, M. N. (2014). Neuroimaging and biomarkers in addiction treatment. *Curr Psychiatry Rep,* 16(12), 513. doi:10.1007/ s11920-014-0513-5

- Liu, P., Lu, H., Filbey, F. M., et al. (2014). MRI assessment of cerebral oxygen metabolism in cocaine-addicted individuals: hypoactivity and dose dependence. *NMR Biomed,* 27(6), 726–732. doi:10.1002/nbm.3114
- McClure, S. M. & Bickel, W. K. (2014). A dual-systems perspective on addiction: contributions from neuroimaging and cognitive training. *Ann N Y Acad Sci,* 1327(1), 62–78. doi:10.1111/nyas.12561
- Mello, N. K. (1973). A review of methods to induce alcohol addiction in animals. *Pharmacol Biochem Behav,* 1(1), 89–101.
- Morgenstern, J., Naqvi, N. H., Debellis, R. & Breiter, H. C. (2013). The contributions of cognitive neuroscience and neuroimaging to understanding mechanisms of behavior change in addiction. *Psychol Addict Behav,* 27(2), 336–350. doi:10.1037/a0032435
- Myers, K. M. & Carlezon, W. A., Jr. (2010). Extinction of drug- and withdrawal-paired cues in animal models: relevance to the treatment of addiction. *Neurosci Biobehav Rev,* 35(2), 285–302. doi:10.1016/j.neubiorev.2010.01.011
- Nader, M. A., Czoty, P. W., Gould, R. W. & Riddick, N. V. (2008). Positron emission tomography imaging studies of dopamine receptors in primate models of addiction. *Philos Trans R Soc Lond B Biol Sci,* 363(1507), 3223–3232. doi:10.1098/rstb.2008.0092
- Parvaz, M. A., Alia-Klein, N., Woicik, P. A., Volkow, N. D. & Goldstein, R. Z. (2011). Neuroimaging for drug addiction and related behaviors. *Rev Neurosci,* 22(6), 609–624. doi:10.1515/RNS.2011.055
- Stapleton, J., West, R., Marsden, J. & Hall, W. (2012). Research methods and statistical techniques in addiction. *Addiction,* 107(10), 1724–1725. doi:10.1111/j.1360-0443.2012.03969.x
- Yalachkov, Y., Kaiser, J. & Naumer, M. J. (2012). Functional neuroimaging studies in addiction: multisensory drug stimuli and neural cue reactivity. *Neurosci Biobehav Rev,* 36(2), 825–835. doi:10.1016/j.neubiorev.2011.12.004

聚焦 1 大脑中的爱情

神经成像技术的进步表明，大脑通过精心设计、相互连接的大脑区域网络来发挥作用。此外，这些网络有内在的联系，并在我们处于静息状态或不执行特定任务时，会同时激活。关注静息状态网络与个体因素之间的关系的相关研究正日益增多。

研究普遍认为，爱情的感觉是有益的，因此是受到奖赏网络的支持的。因此，我们可以预料，随着我们对爱情感觉的变化，支持这些过程的大脑区域也会发生变化（图S2.1）。

最近，一组研究人员研究了爱情感觉的变化是如何影响静息状态下的大脑网络的。他们发现，自称处于恋爱状态的被试与未恋爱（最近终止恋爱关系、从未恋爱）的被试相比，前者奖赏、动机和情绪调节网络（背侧前扣带回、岛叶、尾状核、杏仁核和伏隔核）内的功能连接性（即区域之间神经反应在时间上的同步程度）比后者更高。

图S2.1　什么是爱情？

（摘自 https://pixabay.com/en/heart-love-flame-lovers-man-woman-1137259. Reproduced under Creative Commons CC0 license.）

聚焦2　我们能用神经成像技术预测未来的行为吗？

想象一下，如果我们可以预测儿童精神疾病的后期发展（图S2.2）。当前收集的信息是否可以用来帮助个人，以防止（或延迟）潜在的精神疾病发作？

当前的一些研究正运用神经成像技术来使预测和预防疾病成为现实。最近，美国国立卫生研究院（National Institutes of Health，NIH）资助了一项名为"青少年脑认知发展"或简称为"ABCD"的研究（https://abcdstudy.org/），该研究的最终目标是使用先进的大脑成像技术绘制大脑发育图，从而寻找心理健康问题和成瘾的预测因素。这项针对1万名9至10岁儿童的全国性研究将收集有关心理健康、成瘾、教育、文化、环境和遗传学方面的信息，以确定这些因素是如何与大脑发育发生关联的。在为期10年的时间里，这项研究中的儿童将在每年接受测试，以识别确定风险因素、保护因素、精神健康问题和成瘾因素。如果我们能够预测精神疾病的发展，我们的孩子将会有一个更加美好的未来。

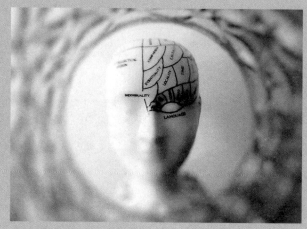

图S2.2　与行为相关的大脑研究始于颅相学领域。

（摘自 http://www.pexels.com/photo/photo-of-head-bust-print-artwork-724994/）

参考文献

Bloch, F., Hansen, W. W. & Packard, M. (1946). Nuclear induction. *Phys Rev,* 69(3–4), 127. doi:10.1103/PhysRev.69.127

Cohen, D. & Cuffin, B. N. (1991). EEG versus MEG localization accuracy: theory and experiment. *Brain Topogr,* 4(2), 95–103. doi:10.1007/ BF01132766

Huettel, S. A., Song, A. W. & McCarthy, G. (2008). *Functional Magnetic Resonance Imaging,* 2nd edn. Sunderland, MA: Sinauer Associates.

Ogawa, S., Lee, T. M., Kay, A. R. & Tank, D. W. (1990). Brain magnetic resonance imaging with contrast dependent on blood oxygenation. *Proc Natl Acad Sci USA,* 87(24): 9868–9872. doi: 9868–9872. 10.1073/ pnas.87.24.9868

Pagliaccio, D., Barch, D. M., Bogdan, R., *et al.* (2015). Shared predisposition in the association between cannabis use and subcortical brain structure. *JAMA Psychiatry,* 72(10), 994–1001. doi:10.1001/ jamapsychiatry.2015.1054

Purcell, E. M., Torrey, H. C. & Pound, R. V. (1946). Resonance absorption by nuclear moments in a solid. *Phys Rev,* 69(1–2), 37–38. doi:10.1103/ PhysRev.69.37

Rosenbloom, M. J., Sullivan, E. V. & Pfefferbaum, A. (2010). Focus on the brain: HIV infection and alcoholism: comorbidity effects on brain structure and function. *Alcohol Res Health,* 33(3), 247–257.

Schacht, J. P., Hutchison, K. E. & Filbey, F. M. (2012). Associations between cannabinoid receptor-1 (CNR1) variation and hippocampus and amygdala volumes in heavy cannabis users. *Neuropsychopharmacology,* 37(11), 2368–2376. doi:10.1038/ npp.2012.92

Whitford, T. J., Savadjiev, P., Kubicki, M., *et al.* (2011). Fiber geometry in the corpus callosum in schizophrenia: evidence for transcallosal misconnection. *Schizophrenia Res,* 132(1), 69–74. doi:10.1016/ j.schres.2011.07.010

第3章

成瘾的大脑行为理论

学习目标
- 能够识别基于大脑的不同成瘾模型。
- 能够基于激励敏化解释"渴望"和"喜欢"之间的区别。
- 能够讨论成瘾中的对抗过程。
- 能够描述iRISA综合征模型中提出的前额皮层在成瘾行为中的作用。
- 能够解释触发线索诱发的渴求模型背后的机制。

引言

美国国家药物滥用研究所（National Institute of Drug Abuse，NIDA）将药物成瘾定义为一种"慢性、经常复发的大脑疾病"。基于此，研究者们提出了多种成瘾模型来解释大脑机制和观察到的成瘾行为症状之间的联系。通过一个可以被测试和详细阐述的工作框架，这些概念性或理论性的模型推动了成瘾的神经科学研究。本章将介绍一些主要的理论或模型，包括激励敏化理论（incentive-sensitization theory）、非稳态理论（allostasis theory）、反应抑制和突显归因受损（impaired response inhibition and salience attribution，iRISA）综合征模型（syndrome model）和线索诱发渴求模型（cue-elicited craving model）。

早先关于药物滥用的理论认为，药物带来的愉悦效果是药物使用的起点，而依赖性则是在获得这些积极效果的持续驱动下形成的。然而，这些理论并没有解释在疾病发展过程中表现出的其他方面，如耐受和戒断。成瘾期间出现的戒断想法表明，疾病已经从最初的正面激励驱动转变为负面强化，例如为避免停止药物使用后出现戒断症状。这样的转变表明，在成瘾过程中出现了神经适应现象。1993年，罗宾逊（Robinson）和贝里奇（Berridge）提出了激励敏化理论。在这个理论模型中，药物滥用会导致一些神经系统的改变，特别是在控制动机和奖赏相关的区域。库布（Koob，1997）和蒙特利尔（Le Moal，2008）提出了一种基于动机理论的神经生物学模型，该模型描述了"快感定点"的病理性转变，导致患者对药物摄取失去控制。在21世纪之前，大多数神经生物学模型主要关注的是不涉及行为、认识和情感因素的大脑皮层下的变化过程，而这些因素对成瘾的发展至关重要。为了解决这些问题，新兴理论整合了药物诱导神经适应的大脑皮层方面的变化，并提供了可验证的假设和对成瘾的独特观点。

激励敏化理论

由罗宾逊和贝里奇（1993）提出的激励敏化理论是第一个神经适应模型。该模型认为，在重复使用药物过程中发生的神经变化会影响与强化和动机相关的神经基质。根据这一理论，成瘾源于中脑边缘区域对药物效应的超敏化，这种超敏化导致药物激励的显著性增加。显著激励（incentive salience）是一种基于奖赏的动机状态，由药物和奖赏感觉之间强烈的、潜意识的联系驱动，从而形成对药物的病理性动机（强迫性的"渴望"而非"喜欢"）。该模型认为，药物刺激的激励敏化源于记忆和学习系统的变化，这些变化将激励导向特定和适当的刺激。具体来说，联想学习过程调节神经敏感化，表现为在条件（之前学习过的）环境下的行为敏感性（Anagnostaras et al.，2002）。

多巴胺相关的通路与该模型提出的"渴望"（皮层边缘区域的多巴胺和谷氨酸）有关，这与"喜欢"（与背侧纹状体相关的多巴胺能、γ-氨基丁酸能、内源性大麻素和阿片类信号）不同。通过这种方式，药物获取会使行为与其产生的享乐价值之间的正常关系发生"短路"，而该关系在正常条件下能对重要的生存信息（例如食物消耗和性相关行为）进行编码。尽管研究有限，但目前在临床前和临床研究中均已证实了潜在的敏化机制。在敏化动物中，研究者经常在中脑边缘系统中观察到神经元发电的增加。在人类中使用PET和[^{11}C]雷氯必利也观察到了类似的现象。布瓦洛等人（Boileau et al.，2006）研究发现，对安非他明敏感的男性的腹侧纹状体有更大的精神运动反应和更多的多巴胺释放（即减少与[^{11}C]雷氯必利的结合），并且这种效应在1年的随访中仍然存在。

非稳态模型：稳态失调

该模型主要基于所罗门（Solomon）和科比特（Corbit）（1974）提出的情绪对抗过程动机理论（opponent-process motivation theory），用于解释过度地药物寻求和药物使用失控的动机机制。对抗过程理论（opponent-process theory）认为，一种情绪（如快乐）的表达会抑制其相反情绪（如痛苦）的表达。具体来说，在对刺激的反应中，最初的反应是高度的兴奋，这种兴奋是短暂而强烈的。这种积极的反应之后逐渐向相反、消极的情感反应倾斜，并逐渐退回到正常的平衡状态或内稳态，即一个稳定的适度唤醒状态。所罗门和科比特（1974）将消极影响成分称为对抗过程。

从成瘾的角度来看，对抗过程动机理论表明，药物使用最初会产生令人愉悦的感觉（欣快感、缓解焦虑感），之后就是负面情绪体验的对抗过程，如戒断症状（如头痛、恶心）。换句话说，药物使用产生的急性快感状态与大脑恢复稳态的机制是对立的。更复杂的是，反复使用药物会产生耐受，因此患者需要使用更多的药物才能达到相同的快感状态。然而值得关注的是，根据对抗过程理论，耐受不是对积极效应习惯的结果，而是对消极效应的敏感化。因此，反复用药导致对抗过程产生更大的影响，而快感状态则会变小。因此，持续用药的动机是出于避免这些负面状态的需要（见第6章）。

库布和蒙特利尔（1997）扩展了这一模型，将这种稳态失调背后的神经生物学适应纳入其中，这是稳态失调的基础（图3.1）。他们描述了成瘾的三个阶段，分别是欣快期（binge intoxication）、戒断期（withdrawal/negative affect）和渴求期（preoccupation/anticipation）。这三个阶段构成了一个循环周期。从神经生物学角度讲，第一阶段的欣快感是伏隔核中兴奋性多巴胺能信号产生的。这种强烈的快感被编码为一种高度突出的奖赏性记忆。尽管这种积极的记忆可能会鼓励患者寻求物质，但是在细胞层面上奖赏信号的增强反映了两种失衡的状态：在系统内，由特定物质触发的受体会下调，以维持物质存在时的平衡；在系统间奖赏相关的脑区之间连接增强，以及奖赏区域和如PFC的可抑制其功能的脑区连接减弱。第

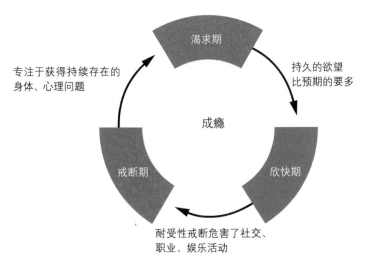

图3.1 根据《精神疾病诊断和统计手册（第4版）》中不同的物质依赖标准所描述的成瘾周期（欣快期、戒断期和渴求期）的示意图。
（改编自 Koob & Le Moal, 2008.）

二阶段是戒断期，其特点是某物质存在的情况下，下调相关受体以维持内稳态（如可卡因对应多巴胺受体，海洛因对应阿片受体，酒精对应GABA受体）。此外，在这个范式中，耐受反映了物质适应状态下兴奋性多巴胺能信号的普遍下降。然而，如果没有这个物质，该奖赏系统就不会恢复正常，会表现为消极情绪、身体不适和焦虑的症状。这种情况会持续下去，直到个体通过使用物质缓解这种消极状态，从而启动一次新的兴奋和随后的低潮。第三阶段包括关注、期待或渴望，其特征是个体通过物质避免不适，努力恢复正常和防止戒断症状（而非感觉快乐）。这种状态反映了神经网络的长期变化，这种变化使个体在戒药一段时间后仍处于复发的高风险期。

反应抑制和突显归因受损（iRISA）综合征模型

2002年，戈尔茨坦（Goldstein）和沃尔科（Volkow）提出了iRISA综合征模型，这是首次将行为、认知和情感特征整合到现有成瘾模型中的模型之一。该模型主要基于可卡因使用人群的神经成像学发现，强调PFC神经环路在调节相互关联行为（药物中毒、药物渴求、强迫性用药和药物戒断）中发挥着重要作用（图3.2）。背侧PFC区域（背外侧PFC、背侧前扣带皮层和额下回）参与高阶控制或"冷"过程。腹侧PFC区域（内侧眶额皮层、腹内侧

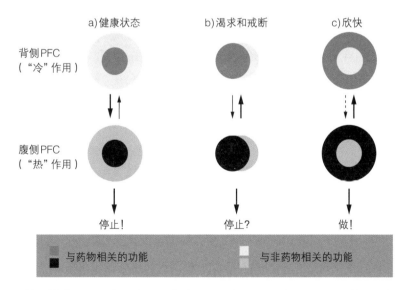

图3.2 iRISA模型描述了用药者和非用药者的PFC和皮层下区域之间的相互作用。较深的阴影表示由这些亚区域调节的与药物相关的神经心理功能（如显著激励、药物缺乏、注意力偏差和药物寻求），较浅的阴影表示与非药物相关的功能（如持续的作用）。粗箭头表示用药增加，圆圈的大小表示药物和非药物相关功能之间的平衡状态。

（改编自Goldstein & Volkow, 2011.）

PFC和喙腹侧前扣带皮层）参与更自动的、与情绪相关的过程或"热"过程。

传统观点认为，药物中毒是皮层下区域神经变化的结果，而iRISA模型认为药物中毒也伴随着额叶区域多巴胺水平的增加，以及PFC和前扣带回的激活。脑区激活的模式与中毒的主观感知、药物的强化作用或增强的情绪有关。药物渴求是一种涉及记忆过程的药物条件性反应，它也被认为与眶额叶和前扣带回的激活有关。在不同的药物滥用人群中，通过不同的药物线索模式（如视觉、触觉、味觉），已经证明了这些区域有更高的激活程度。与药物中毒类似，这些前额叶区域的激活也与自我测评的渴求有关。在从欣快状态到消极状态（类似于之前描述的对抗过程）的转变过程中发生的强迫性用药，与丘脑眶额叶回路、前扣带回的前额叶的高阶控制力的丧失有关。最后，药物戒断症状被认为是前额皮层回路中断的结果，而前额皮层回路是释放多巴胺、血清素和促肾上腺皮质激素释放因子等神经递质的基础。因此，PFC的激活是药物渴求的基础，PFC的失活则产生了戒断。

戈尔茨坦和沃尔科（2011）对iRISA模型进行了详细介绍，进一步阐述了PFC和皮层下区域与成瘾有关的行为中的相互作用。PFC连接在渴求和戒断状态时出现冲突，从而使与药物相关的认知功能、情绪和行为在非药物相关的功能上占优势，而非药物相关的功能（如注意力）的下降导致自我控制能力下降，并伴有快感缺失、压力性应激反应和焦虑。在使用药物的欣快期，与药物无关的高阶认知功能会受到与药物相关的"热"功能区域的抑制，即高阶认知控制区域的输入减少，"热"区域开始支配高阶认知。因此，注意力专注于与药物有关的线索而非其他强化物，冲动性会增加，恐惧、愤怒或喜爱等基本情绪不受约束。其结果是强迫性用药等自动的、受刺激驱动的行为占主导地位。

线索诱发渴求模型

正如卡利瓦斯（Kalivas）和沃尔科（2005）所描述的那样，渴求在维持成瘾中起着关键作用。具体来说，该研究小组发现，与物质相关的线索诱发了与物质本身相同的神经化学反应和行为反应。神经成像研究结果表明，对这些物质的渴求发生在奖赏回路中（Filbey & DeWitt, 2012; Filbey et al., 2009, 2012; Hommer, 1999; Volkow et al., 2002）。具体来说，线索或条件刺激可能开始在前扣带回（动机）和杏仁核（情绪）中获得突显，然后感知和记忆过程可能分别催化岛状体和海马区域的激活，随后触发多巴胺从腹侧被盖区（ventral tegmental area，VTA）释放到基底神经节和大脑皮层，它编码了物质与其突出环境线索之间的习得关联（Filbey & DeWitt, 2012）。最后，线索与渴求的关联在中脑皮质边缘通路中被观察到（如Filbey et al., 2008）。

成瘾的大脑行为理论的未来研究方向

与所有概念模型一样,验证成瘾模型背后的理论是一个重要步骤。因此,当前的科学研究主要集中在这些重要的科学目标上。挑战或验证这些模型的基本原则有助于我们继续在理解成瘾的基础上做出科学发现。与大多数影响行为的疾病一样,成瘾的影响因素是非常复杂的,除了涉及大脑的因素外,还包括其他方面的因素。例如,众所周知的个体差异对成瘾的易感性有很大影响。尽管药物会引起大脑的变化,但只有一小部分的物质使用者会上瘾(约10%)。那些上瘾的人通常还会同时出现情绪障碍等疾病。凯奇赛德(Ketcherside)和费尔贝(Filbey)(2015)研究了感知应激、情绪(即抑郁和焦虑)和与使用大麻问题之间的关系。他们发现抑郁和焦虑症状在感知应激和大麻使用问题之间起到了中介作用。换句话说,经历压力后导致吸食大麻问题的机制是因为使用者产生了与抑郁或焦虑相关的症状。这一发现意味着,对于大麻使用问题患者,针对其抑郁和焦虑症状的治疗可能是有效的,因为大麻使用问题正是通过这一途径而出现的。除了生理或心理因素,环境因素也很重要,例如社会经济地位或同伴的使用情况已被证明会对成瘾的发展产生影响(图3.3)。总而言之,在基于证据的方法中把这些非神经生物学因素考虑进来,将完善当前的成瘾模型,从而可以找到并应对导致药物相关问题的决定因素。

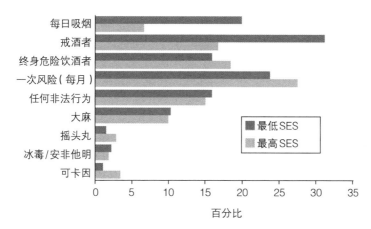

图3.3 2013年,澳大利亚14岁以上(含14岁)每日吸烟、高风险饮酒和非法药物使用人群在社会经济地位(socioeconomic status,SES)最低和最高的人群中的分布。

(改编自 Australian Institute of Health and Welfare, 2014.)

本章总结

- 不断地完善发展的神经生物学模型解释了成瘾过程中从药物中毒到强迫性药物寻求发生的神经适应。
- 激励敏化模型解释了从"喜欢"到"渴望"药物的过程相关行为。
- 非稳态模型提出了一个框架，考虑了成瘾中积极状态和消极状态的对抗过程。
- iRISA综合征模型整合了PFC的高阶功能，以便更好地理解PFC是如何调节复杂的成瘾行为、认知和情绪的。
- 线索诱发渴求模型关注持续药物寻求背后认知过程的异质性。

回顾思考

- 不同的成瘾模型之间有哪些区别？
- 对药物的"渴望"和"喜欢"有什么区别？
- 非稳态模型的主要观点是什么？它是基于什么行为理论而提出的？
- iRISA模型将哪个大脑区域和相关过程整合到它的框架中？
- 线索诱发渴求模型包含了哪些不同的认知过程？

拓展阅读

- Bickel, W. K., Mellis, A. M., Snider, S. E., et al. (2018). 21st century neurobehavioral theories of decision making in addiction: review and evaluation. *Pharmacol Biochem Behav,* 164, 4–21. doi:10.1016/j.pbb.2017.09.009
- Carey, R. J., Carrera, M. P. & Damianopoulos, E. N. (2014). A new proposal for drug conditioning with implications for drug addiction: the Pavlovian two-step from delay to trace conditioning. *Behav Brain Res,* 275, 150–156. doi:10.1016/j.bbr.2014.08.053
- Dayan, P. (2009). Dopamine, reinforcement learning, and addiction. *Pharma-copsychiatry,* 42, Suppl. 1, S56–S65. doi:10.1055/s-0028-1124107
- DeWitt, S. J., Ketcherside, A., McQueeny, T. M., Dunlop, J. P. & Filbey, F. M. (2015). The hyper-sentient addict: an exteroception model of addiction. *Am J Drug Alcohol Abuse,* 41(5), 374–381. doi:10.3109/ 00952990.2015.1049701
- Di Chiara, G., Bassareo, V., Fenu, S., et al. (2004). Dopamine and drug addiction: the nucleus accumbens shell connection. *Neuropharmacology,* 47, Suppl. 1, 227–241. doi:10.1016/j.neuropharm.2004.06.032
- Garcia Pardo, M. P., Roger Sanchez, C., de la Rubia Orti, J. E. & Aguilar Calpe, M. A.

- (2017). Animal models of drug addiction. *Adicciones,* 29(4), 278–292. doi:10.20882/adicciones.862
- Lewis, M. D. (2011). Dopamine and the neural "now": essay and review of addiction: a disorder of choice. *Perspect Psychol Sci,* 6(2), 150–155. doi:10.1177/1745691611400235
- O'Brien, C. P., Childress, A. R., McLellan, A. T. & Ehrman, R. (1992). A learning model of addiction. *Res Publ Assoc Res Nerv Ment Dis,* 70, 157–177.
- Robinson, T. E. & Berridge, K. C. (1993). The neural basis of drug craving: an incentive-sensitization theory of addiction. *Brain Res Brain Res Rev,* 18(3), 247–291. doi:10.1016/0165-0173(93)90013-P
- Weiss, F. (2010). Advances in animal models of relapse for addiction research. In C. M. Kuhn & G. F. Koob, eds., *Advances in the Neuroscience of Addiction,* 2nd edn. Boca Raton, FL: CRC Press, pp. 1–26.

聚焦　成瘾是道德缺陷吗？

2016年，美国疾病控制与预防中心（Centers for Disease Control and Prevention，CDC）发布了一份令人震惊的报告，声称每天有91名美国人死于阿片类药物。这一数字高于车祸或枪击致死人数。阿片类药物成瘾目前已达到流行的程度（即十分之六的药物过量死亡是由阿片类药物造成的），80%的人是在服用阿片类药物治疗疼痛后上瘾的（图S3.1）。换句话说，在这些案例中，成瘾始于医疗处方。反过来，阿片类药物在美国的流行也导致了多方互相指责，归咎于制药公司制造并积极营销这些高度成瘾性药物，以及大量开过这些药物的医生（可能不知道成瘾的高风险）。

然而，应对阿片类药物流行的公共卫生措施反应不同于以往的药物流行。具体来说，就是向阿片类药物成瘾者提供治疗而非刑事司法选择。这种把吸毒作为公共健康问题而不是犯罪问题来对待的人道做法，是波兰根据治疗而非惩罚原则下采取的做法。波兰的《国家抵制毒瘾计划（2011—2016年）》[*National Program for Counteracting Drug Addiction (2011—2016)*] 更加强调提高毒品预防计划的质量和那些正在接受治疗者的生活质量，减少对他们的伤害并帮助他们重新融入社会。

美国对阿片类药物流行的应对措施有望在如何解决成瘾问题方面带来改变，即确保成瘾者能够获得良好的、有效的治疗。同样重要的是，我们必须消除成瘾的污名化，并接受成瘾可能发生在任何人身上的事实。

现代阿片类药物流行

美国疾病控制和预防中心最近出具的一份报告指出,使用海洛因的人群已经从市中心发展到郊区,变得更加主流。

2012 年至 2013 年期间,海洛因在女性人群中的使用率翻了一番。

18,000+ 2014 年,美国女性死于海洛因和处方药过量

 90% 的首次使用者是白人

 80% 的海洛因使用者开始使用 Rx 止痛药

非法处方止痛药的来源

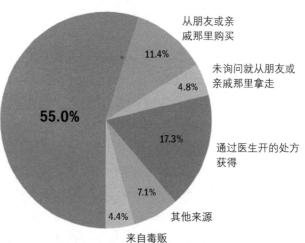

- 从朋友或亲戚那里免费获得 55.0%
- 从朋友或亲戚那里购买 11.4%
- 未询问就从朋友或亲戚那里拿走 4.8%
- 通过医生开的处方获得 17.3%
- 其他来源 7.1%
- 来自毒贩 4.4%

北卡罗来纳州每一百人开止痛药的数量 ☞ **97**

图 S3.1 现代阿片类药物流行。

(改编自 NC Department of Health and Human Services, 2016.)

参考文献

Australian Institute of Health and Welfare. (2014). National Drug Strategy Household Survey detailed report: 2013. Drug statistics series no. 28. Canberra, Australia: Australian Institute of Health and Welfare.

Anagnostaras, S. G., Schallert, T. & Robinson, T. E. (2002). Memory processes governing amphetamine-induced psychomotor sensitization. *Neuropsychopharmacology,* 26(6), 703–715. doi:10.1016/S0893-133X (01)00402-X

Boileau, I., Dagher, A., Leyton, M., *et al*. (2006). Modeling sensitization to stimulants in humans: an [11C]raclopride/positron emission tomography study in healthy men. *Arch Gen Psychiatry,* 63(12), 1386–1395. doi:10.1001/archpsyc.63.12.1386

Filbey, F. M., Claus, E., Audette, A. R., *et al*. (2008). Exposure to the taste of alcohol elicits activation of the mesocorticolimbic neurocircuitry. *Neuropsychopharmacology,* 33(6), 1391–1401. doi:10.1038/sj. npp.1301513

Filbey, F. M., Claus, E. D., Morgan, M., Forester, G. R. & Hutchison, K. (2012). Dopaminergic genes modulate response inhibition in alcohol abusing adults. *Addict Biol,* 17(6), 1046–1056. doi:10.1111/j.1369-1600.2011.00328.x

Filbey, F. M. & DeWitt, S. J. (2012). Cannabis cue-elicited craving and the reward neurocircuitry. *Prog Neuropsychopharmacol Biol Psychiatry,* 38(1), 30–35. doi:10.1016/j.pnpbp.2011.11.001

Filbey, F. M., Schacht, J. P., Myers, U. S., Chavez, R. S. & Hutchison, K. E. (2009). Marijuana craving in the brain. *Proc Natl Acad Sci USA,* 106(31), 13016–13021. doi:10.1073/pnas.0903863106

Goldstein, R. Z. & Volkow, N. D. (2002). Drug addiction and its underlying neurobiological basis: neuroimaging evidence for the involvement of the frontal cortex. *Am J Psychiatry,* 159(10), 1642–1652. doi:10.1176/ appi.ajp.159.10.1642

(2011). Dysfunction of the prefrontal cortex in addiction: neuroimaging findings and clinical implications. *Nat Rev Neurosci,* 12(11), 652–669. doi:10.1038/nrn3119

Hommer, D. W. (1999). Functional imaging of craving. *Alcohol Res Health,* 23(3), 187–196.

Kalivas, P. W. & Volkow, N. D. (2005). The neural basis of addiction: a pathology of motivation and choice. *Am J Psychiatry,* 162(8), 1403–1413. doi:10.1176/appi.ajp.162.8.1403

Ketcherside, A. & Filbey, F. M. (2015). Mediating processes between stress and problematic marijuana use. *Addict Behav,* 45, 113–118. doi:10.1016/j.addbeh.2015.01.015

Koob, G. F. & Le Moal, M. (1997). Drug abuse: hedonic homeostatic dysregulation. *Science,* 278(5335), 52–58.

(2008). Neurobiological mechanisms for opponent motivational processes in addiction. *Philos Trans R Soc Lond B Biol Sci,* 363(1507), 3113–3123. doi:10.1098/rstb.2008.0094

Robinson, T. E. & Berridge, K. C. (1993). The neural basis of drug craving: an incentive-sensitization theory of addiction. *Brain Res Brain Res Rev,* 18(3), 247–291.

NC Department of Health and Human Services (2016). Jan. 19 task force meeting documents. Available at: www.ncdhhs.gov/document/jan-19-task-force-meeting-documents (accessed August 1, 2017).

Solomon, R. L. & Corbit, J. D. (1974). An opponent-process theory of motivation. I. Temporal dynamics of affect. *Psychol Rev,* 81(2), 119–145. doi:10.1037/h0036128

Volkow, N. D., Fowler, J. S., Wang, G. J. & Goldstein, R. Z. (2002). Role of dopamine, the frontal cortex and memory circuits in drug addiction: insight from imaging studies. *Neurobiol Learn Mem,* 78(3), 610–624. doi:10.1006/nlme.2002.4099.

第4章
从毒品的初始使用动机到消遣性使用：奖赏与动机系统

学习目标
- 能够描述中脑边缘通路的区域。
- 能够解释多巴胺在奖赏和动机过程中的作用。
- 能够鉴别最终的共同通路。
- 能够理解奖赏缺陷综合征的概念。
- 能够讨论记忆系统在奖赏和动机过程中的作用。

引言

正如第3章所介绍的，成瘾的发展取决于对滥用物质的显著激励（对药物的"渴望"）的增加。换句话说，强迫性的用药行为是以牺牲消遣性、职业性活动为代价的。与其他奖赏刺激相比，由药物所获得的更大的显著激励表明，大脑中奖赏动机系统发生了变化。

20世纪50年代，两位加拿大生理学家在大鼠特定脑区中植入电极（Olds & Milner, 1954）。接着，他们让这些大鼠有机会通过按压一个按钮来刺激这些脑区，这些脑区后来被称作"奖赏中枢"。一旦大鼠开始按下刺激按钮，它们就不会做任何其他的事情，这是强烈的行为强化机制的第一个暗示（图4.1，另见图2.1）。此后，研究人员发现大脑的这个奖赏中枢，也就是伏隔核，也与药物成瘾有关。只要向人们展示与毒品有关的图片，就会导致大脑中与毒品渴求有关的脑区被强烈地激活（Filbey et al., 2011）。本章将描述成瘾发展进程的第一个生态阶段，即初始吸毒动机，并通过探讨证明这一现象的各种神经成像研究来解释"毒品劫持大脑"这一说法。

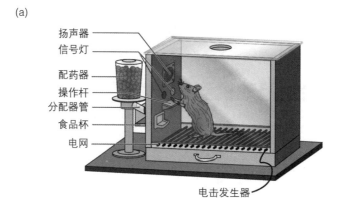

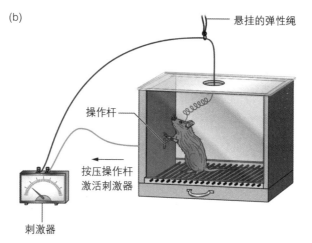

图4.1　按压操作杆。(a) 颅内自刺激 (intracranial self-stimulation, ICSS) 与 (b) 是用于研究动物奖赏和动机的两个实验范式。(a) 动物学会按压操作杆来获得奖励 (例如食物、水、性伴侣、药物)。(b) 在 ICSS 中，动物在不受特定奖励的影响下，在大脑奖赏区域直接接受电刺激。这些动物范式揭示了中脑边缘多巴胺系统的作用及其与动机系统的联系。

奖赏与动机系统引导行为的方向

奖赏和动机系统促成以目标为导向的行动，使生物体能够对特定环境事件的相对价值进行编码。这种价值提供了选择的基础，使得生物体能够根据对某个行动后果的先验知识以及这些后果的价值，对行动做出选择 (见本章"聚焦"板块中关于验证这些系统以确认成瘾风险的一项研究)。引导定向行为的奖赏 (即快乐感) 和动机机制包括预期、刺激评估和奖赏预测。

奖赏与动机过程发生在包含前额叶和纹状体区域内的神经环路中。这个奖赏动机环路的关键结构是前扣带回、眶额皮层、腹侧纹状体和中脑多巴胺神经元（图4.2）。这些脑区之间的连接构成了一个基于激励学习为基础的复杂的神经网络。

伏隔核对刺激和行为反应之间的关系进行编码。因此，它是显著刺激发挥强化作用的关键脑区。有研究表明，在进食、饮酒以及性活动等奖赏行为过程中，伏隔核的多巴胺水平增加。伏隔核包含两个不同功能的亚区域，分别是核与壳。壳与下丘脑和VTA相互连接，而核与前扣带回和眶额皮层存在神经连接。在动物研究中，一个值得关注的发现是，伏隔核中不同子集的神经元在对天然奖励（如水）和可卡因的编码上有差异性反应（Carelli et al., 2000）。鉴于目前体内反应可视化技术的局限以及伏隔核的尺寸较小，这一发现尚未在人类身上进行检验。研究还表明，伏隔核在被反复激活后，其树突发生变化，这可能反映了学习过程（图4.3）（Robinson & Kolb, 1997）。因此，除了在伏隔核发现的细胞变化之外，这些形态学变化也可能在成瘾的发展过程中起到重要作用。

伏隔核的壳与VTA之间的相互连接被认为在调节动机显著性和强化学习中具有重要作用。具体来说，当一个显著事件发生时，来自VTA的投射释放多巴胺，触发对动机事件的行为反应。这一过程导致细胞发生变化，建立了对已习得的高度渴望的刺激的联系。随着时间的推移，重复接触同一激励事件将不再诱发同水平多巴胺的释放。然而，预测该事件的条件刺激则会持续诱导多巴胺的释放（见第7章）。

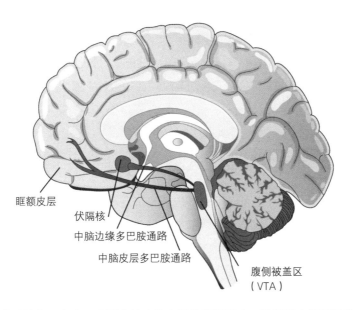

图4.2　大脑奖赏系统位于由多巴胺调节的中脑皮层边缘通路中。该通路在腹侧被盖区存在多巴胺细胞体，并且投射到伏隔核和前额叶皮层区域，特别是眶额皮层。

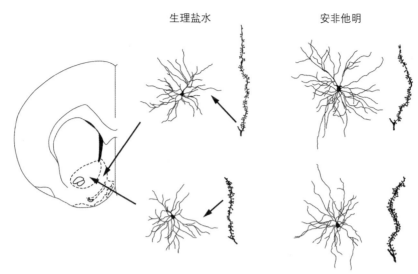

图 4.3 轮廓投影仪绘制的经生理盐水和安非他明预处理的大鼠伏隔核的壳（顶部）和核（底部）区域的中等棘状神经元。之所以选择这些细胞是因为它们的值较接近研究的任何细胞群的平均水平。每个细胞右侧的图代表一个用于计算棘密度的树突段。

（摘自 Robinson & Kolb, 1997; 改编自 Paxinos & Watson, 1997. © 1997 Society for Neuroscience, USA.）

与伏隔核的壳不同，它的核投射至PFC，包含前扣带回和眶额皮层。这些连接奠定了奖赏刺激的动机，有助于反应选择以及适应性学习。研究表明，眶额皮层和前扣带回代谢活动的变化幅度与线索诱发的自我测评中线索诱发的渴求强度有关。在与生物相关的奖赏（如性暗示）过程中，以及在通常引起前额叶反应的决策任务中，前额叶的活动减少，这说明前额叶活动增加了药物的特异性（Garavan et al., 2000）。因此，前扣带回和眶额皮层的失调对于线索诱发的动机至关重要，对于寻求药物的决策制定（即认知控制）也同样重要（见第8章）。

奖赏预期：多巴胺主要作用的依据

基于上述描述的环路，人们可以推测多巴胺在奖赏动机过程中起着关键作用。考虑到这些过程涉及的脑区，我们可以认为多巴胺在环路中发挥两种作用：一是使机体意识到新的显著刺激，从而促进神经可塑性（学习）；二是根据已学的环境刺激预测事件的联系，使机体意识到即将到来的、熟悉的与动机相关的事件。这就是多巴胺被称为"快乐分子"的原因。关于多巴胺作用的早期证据来自动物细胞记录的研究。这些研究表明，多巴胺神经元在意外的奖赏发生时会放电，但在奖赏期间不放电（图4.4）。在预期奖赏期间，多巴胺神经元会被抑制。基于这些研究，人们认为多巴胺信号有助于学习有动机的行为。换句话说，

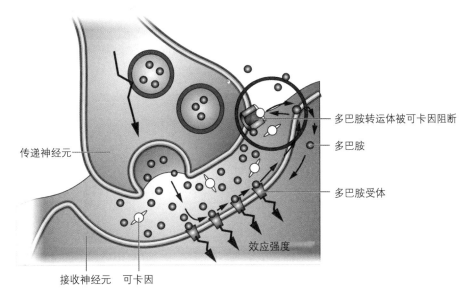

图4.4 多巴胺的释放是奖赏的信号。这解释了在摄入可卡因后多巴胺释放的机制，即可卡因阻断了多巴胺转运体。因此，多巴胺的再摄取受到抑制，导致突触间隙中多巴胺水平上升。

多巴胺引起我们对意料之外的积极结果的关注，以促进奖赏行为的发生。

人类研究也同样为多巴胺在奖赏和动机过程中发挥的重要作用提供了证据。这些研究表明，相较于由其他显著事件所造成多巴胺神经元的放电而诱发的多巴胺水平来说，持续更久、强度更大的多巴胺水平大幅快速增加是药物成瘾发展的基础。大量且长时间地释放多巴胺会提高由动机事件激活多巴胺神经元所需的阈值，因此需要更强的刺激才能达到先前的多巴胺信号水平。服用成瘾性药物后，纹状体中多巴胺的释放和多巴胺 D_2 受体也会减少。例如，通过使用 $[^{11}C]$ 雷氯必利结合哌醋甲酯（多巴胺再摄取抑制剂，与可卡因类似）的 PET 成像来检测 $D_{2/3}$ 受体，发现相较于从未使用过甲基苯丙胺的被试来说，该药物滥用者的纹状体中，多巴胺转运体水平降低了 24%（Volkow et al., 2001）。这种纹状体细胞外多巴胺水平的降低与眶额皮层和前扣带回的活性降低有关。值得关注的是，关于 PET $[^{11}C]$ 雷氯必利的研究也表明，作为对成瘾性药物相关刺激的反应，这些低活跃度的前额叶脑区反倒与对成瘾性药物的主观欲望或渴求程度成比例地活跃起来，这可能是"毒品劫持大脑"（将在第 7 章进一步讨论）这一说法的机制。具体来说，尽管没有奖赏的存在，但多巴胺的释放仍然与增强的动机有关。

到目前为止，我们已经讨论了多巴胺对急性奖赏和强化学习的关键作用，这些作用导致成瘾。通常来说，多巴胺系统的功能障碍可能是成瘾发展和维系的神经基础，但值得注意的是，造成后期的成瘾主要是由 PFC 至伏隔核的谷氨酸能投射的神经适应所致。兴奋性输入的改变会导致PFC在应对自然奖赏时启动行为的能力减弱，并对药物寻求提供执行控制（缺乏控制、冲动性将在第8章进一步讨论）。PFC对奖赏刺激的过度反应导致伏隔核中谷氨酸输入的增加，以及兴奋性突触调节神经传递能力降低。

最终的共同通路：所有药物最终归于一条路径

正如上一节所述，多巴胺在药物和酒精成瘾的发生和发展中起着作用。但是，不同的药物和酒精具有不同的神经药理学作用，这是怎么回事？虽然可卡因和甲基苯丙胺直接作用于多巴胺受体，但是其他物质会破坏奖赏动机环路的不同部分。例如，尼古丁会破坏胆碱能系统，大麻会破坏内源性大麻素系统，阿片类药物会破坏阿片系统（具体药物靶标列表见第5章）。换句话说，不同神经系统的适应性是如何扰乱由成瘾所表现出的多巴胺信号的？卡利瓦斯和沃尔科（2005）提出了"最终的共同通路"来解答这个问题（图4.5）。

卡利瓦斯和沃尔科（2005）提出，从PFC到伏隔核的核再到腹侧苍白球的谷氨酸投射构成了启动药物寻求行为的最终的共同通路（图4.5中的顶部路径）。他们基于实验结果提出了这一概念，这些实验表明线索、药物以及压力诱导的药物寻求行为的恢复存在重叠但不相同的神经环路。恢复（reinstatement）是指在药物强化行为被消除后，通过暴露于不同类

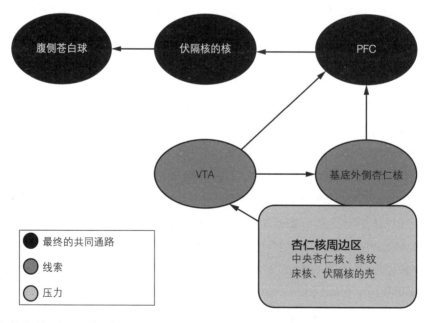

图4.5　根据卡利瓦斯和沃尔科（2005）的观点，通过PFC中多巴胺释放（由压力、药物相关线索或药物本身诱发）的增加，由PFC到伏隔核的核再到腹侧苍白球的投射是药物寻求的最终的共同通路。

型的药物线索（线索诱发）、药物（药物诱发）或应激源（应激诱发）而导致重新出现先前的药物强化行为。药物诱发的恢复涉及PFC（即背内侧）谷氨酸投射至伏隔核的核，以及背内侧PFC到伏隔核的壳的多巴胺投射。线索诱发的恢复源自VTA、基底外侧杏仁核、背内侧PFC以及伏隔核的核的多巴胺与谷氨酸投射。压力诱发的恢复涉及去甲肾上腺素和促肾上腺皮质激素释放因子输入至中央杏仁核、终纹床核以及伏隔核的壳，它们连续投射至背内侧PFC和VTA。总而言之，来自VTA（所有形式的恢复）、基底外侧杏仁核（线索恢复）以及杏仁核周边区（应激恢复）的投射汇集在包含背内侧PFC和伏隔核的核在内的运动通路中，即"最终的共同通路"。

成瘾是一种奖赏缺陷综合征吗？

正如之前所述，关于成瘾的文献在很大程度上支持了多巴胺系统功能障碍导致多巴胺水平降低的观点。这种多巴胺水平的降低便成了寻求毒品等更强效刺激的基础。那么，为什么只有一小部分（约10%）使用药物的人会上瘾呢？如果像毒品和酒精这种高效成瘾物质会导致相同的事件，但只有一些人对其影响高度敏感，那么就可能存在一些风险因素使得一些人比其他人更容易受到这些影响。其中研究最多的风险因素之一便是潜在的遗传机制，尤其是多巴胺基因。在多巴胺基因中，多巴胺D_2受体基因（dopamine D_2 receptor gene，DRD2）的A_1等位基因导致D_2受体受损，与发生多种成瘾性、冲动性和强迫性行为倾向的较高风险相关，例如：严重酗酒，可卡因、海洛因、大麻和尼古丁的使用，嗜糖，病态赌博，性成瘾，注意力缺陷多动症，图雷特综合征（Tourette's syndrome），自闭症，长期暴力，创伤后应激障碍，精神分裂/回避型障碍群，行为障碍和反社会行为（Blum et al., 2000）。布鲁姆（Blum）将这些不同临床表现中多巴胺水平降低的效应解释为奖赏缺陷综合征（reward deficiency syndrome）。奖赏缺陷综合征提供了一个框架，通过这个框架，遗传和环境因素都会导致奖赏体系的崩溃（Blum et al., 2012）。奖赏缺陷综合征假说来自以下发现：多巴胺D_2受体激动剂（如溴麦角环肽）等提高多巴胺水平的疗法或D_2定向的mRNA诱导可显著减轻与物质使用相关的症状（比如渴求、自我给药）。因此，刺激D_2受体可以解决多巴胺耗竭的影响。布鲁姆和他的同事提出，D_2受体的刺激在中脑边缘系统发出负反馈机制的信号，诱导mRNA的表达，从而增加D_2受体（Blum et al., 2012）。随着遗传学研究表明DRD2和多巴胺转运体（dopamine transporter，DAT）等位基因的多巴胺多态性与多巴胺耗竭相关行为（成瘾性、强迫性、强制性和冲动性倾向）有关，奖赏缺陷综合征被认为是成瘾的重要表现形式。

皮质纹状体环路和付出回报失衡

虽然多巴胺传递的奖赏诱导效应受到人们广泛关注，但多巴胺信号的其他方面并不涉及奖赏过程。例如，有研究证实了多巴胺在付出（即按压操作杆）过程中发挥了作用，这与奖赏数量无关。因此考虑多巴胺在行为激活过程中的作用与考虑其在付出过程中的作用是同等重要的。萨拉蒙（Salamone）等人（2007）假设多巴胺的作用是克服工作相关的反应消耗。这个想法来自动物研究，该研究表明伏隔核中多巴胺的减少对觅食行为的影响取决于完成任务所需的工作量。具体来说，当要求大鼠做最少任务时，为了获取食物奖励而按压操作杆这种行为基本上不会受到伏隔核中多巴胺耗竭的影响。与之相反，当所需工作水平较高时，伏隔核中多巴胺的耗竭会大大削弱大鼠为了获取食物奖励而按压操作杆这种行为。值得关注的是，当多巴胺的传递被调节时，那些伏隔核中多巴胺减少的大鼠会重新调整它们的这种行为，由需要高反应要求的食物强化任务转而选择一种并不费力的食物寻求行为（图 4.6）。同样地，人们发现阻断多巴胺释放从而抑制纹状体激活的多巴胺拮抗剂能够诱发

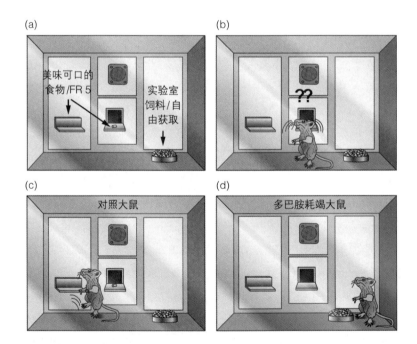

图 4.6 多巴胺耗竭对付出影响的实验。在这些研究中，动物在高付出与低付出之间进行选择：前者通过按压操作杆（固定比率）能够获得非常美味可口的食物，后者则自由获取非偏好食物（实验室饲料）(a,b)。未经治疗的大鼠更喜欢通过按压操作杆来获得美味的食物，很少吃自由获取的饲料（c）。这表明在正常多巴胺水平下，大鼠更喜欢高付出、高回报。相反，多巴胺耗竭大鼠（通过多巴胺拮抗剂）则从高付出（按压操作杆）转而选择低付出（自由获取的饲料）(d)。这表明了多巴胺在付出选择中有重要作用。

（摘自 Salamone et al., 2007. © 2007 Springer-Verlag, USA.）

疲劳并减少动机行为。反过来，阻断纹状体反应能够导致付出与收益之间感知的失调，即付出回报失衡（Dobryakova et al., 2013）。

记忆系统的作用

我们不断深入研究对奖赏和动机以及这些过程与成瘾之间的关系，从显著激励编码模型发展到包括外部和内部驱动的注意力、奖赏期望以及预测误差在内的功能更为复杂的模型。这个更为复杂的网络表明记忆系统不可或缺的作用，它试图解决一个悬而未决的问题，即显著刺激如何作用于学习和记忆问题的神经机制，从而奠定强化学习的基础。换句话说，储存的有关强化刺激的信息（即记忆）是如何驱动成瘾行为的？动物研究表明，这些信息是在几个独立的学习和记忆系统中进行处理的。奖赏刺激以三种方式与这些系统相互作用：一是它们激活了可观察到的接近或逃避反应的神经基质；二是它们产生了不可观察到的内部状态，这些状态可以被认为是奖励性的或是厌恶性的；三是它们调节或增强了存储在每个记忆系统的信息（White, 1996）。人们认为，每一种成瘾性药物都通过模仿这些作用的一些子集部分来维持这种自我给药行为。药物对多种神经基质的强化作用表明，没有一个单一因素可以解释一般的成瘾行为或自我给药过程。因此，支撑奖赏和动机基础的机制与支撑学习和记忆机制相似。多巴胺和谷氨酸神经递质系统在动机、学习和记忆过程中发挥了综合作用，从而调节适应性行为（Kelley, 2004a, 2004b）。

本章总结
- 中脑皮层边缘通路是奖赏和动机过程的基础。
- 多巴胺是奖赏信号通路的主要神经递质，是获得积极强化行为相关过程的基础。
- "最终的共同通路"涉及 PFC 至纹状体脑区的谷氨酸投射。
- DRD2 基因的改变会导致奖赏缺陷综合征，比如成瘾。
- 多巴胺耗竭也会导致感知所需的回报与付出之间的改变。
- 奖赏与动机系统和学习与记忆过程的机制相似。

回顾思考
- 在大脑中，中脑皮层边缘通路包含哪些脑区？它们构成了什么过程的基础？
- 什么被称作大脑的主要奖赏中心？
- 有哪些证据能证明多巴胺是奖赏和动机过程的主要神经递质？
- 解释何为"最终的共同通路"。

- 诱导动物复吸药物的三种方式是什么？
- 奖赏缺陷综合征理论的前提是什么？
- 记忆系统在奖赏和动机过程中发挥的作用是什么？

拓展阅读

- Ekhtiari, H., Nasseri, P., Yavari, F., Mokri, A. & Monterosso, J. (2016). Neuroscience of drug craving for addiction medicine: from circuits to therapies. *Prog Brain Res,* 223, 115–141. doi:10.1016/bs.pbr.2015.10.002
- Filbey, F. M. & DeWitt, S. J. (2012). Cannabis cue-elicited craving and the reward neurocircuitry. *Prog Neuropsychopharmacol Biol Psychiatry,* 38(1), 30–35. doi:10.1016/j.pnpbp.2011.11.001
- Filbey, F. M. & Dunlop, J. (2014). Differential reward network functional connectivity in cannabis dependent and non-dependent users. *Drug Alcohol Depend,* 140, 101–111. doi:10.1016/j.drugalcdep.2014.04.002
- Filbey, F. M., Schacht, J. P., Myers, U. S., Chavez, R. S. & Hutchison, K. E. (2009). Marijuana craving in the brain. *Proc Natl Acad Sci USA,* 106(31), 13016–13021. doi:10.1073/pnas.0903863106
- Filbey, F. M., Dunlop, J., Ketcherside, A., et al. (2016). fMRI study of neural sensitization to hedonic stimuli in long-term, daily cannabis users. *Hum Brain Mapp,* 37(10), 3431–3443. doi:10.1002/hbm.23250
- Franken, I. H. (2003). Drug craving and addiction: integrating psychological and neuropsychopharmacological approaches. *Prog Neuropsychopharmacol Biol Psychiatry,* 27(4), 563–579. doi:10.1016/S0278-5846(03)00081-2
- Gu, X. & Filbey, F. (2017). A Bayesian observer model of drug craving. *JAMA Psychiatry,* 74(4), 419–420. doi:10.1001/jamapsychiatry.2016.3823
- Heinz, A., Beck, A., Mir, J., et al. (2010). Alcohol craving and relapse prediction: imaging studies. In C. M. Kuhn & G. F. Koob, eds., *Advances in the Neuroscience of Addiction*, 2nd edn. Boca Raton, FL: CRC Press, pp. 137–162.
- Robinson, T. E. & Berridge, K. C. (1993). The neural basis of drug craving: an incentive-sensitization theory of addiction. *Brain Res Brain Res Rev,* 18(3), 247–291. doi:10.1016/0165-0173(93)90013-P
- Sinha, R. (2009). Modeling stress and drug craving in the laboratory: implications for

addiction treatment development. *Addict Biol,* 14(1), 84–98. doi:10.1111/j.1369-1600. 2008.00134.x
- Wise, R. A. (1988). The neurobiology of craving: implications for the understanding and treatment of addiction. *J Abnorm Psychol,* 97(2), 118–132. doi:10.1037/0021-843X. 97.2.118

聚焦 积极预测未来的药物滥用趋势

物质使用障碍的早期干预是治疗成功的关键，也是许多研究致力于预测成瘾发展风险的鉴定方法的原因。如果已知一个人容易成瘾，那么就可以对其采取有效的预防措施。了解成瘾的这些风险能为针对性的治疗提供信息。例如，理解导致这种疾病的机制有助于采取及时且有效的干预措施。

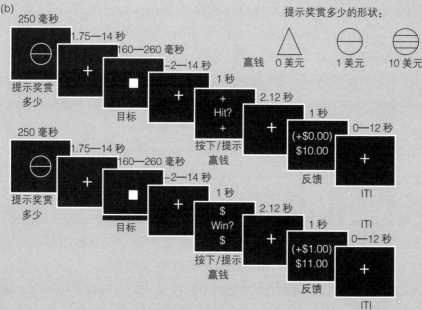

图S4.1 （a）快感和寻求新鲜事物是青春期的特征。（b）金钱激励延迟任务示意图。这是一项广泛使用的任务，用于测量在动机行为期间的大脑反应。在这项任务中，如果被试能在目标（图中白色方块）出现时按下按钮，他们就能赢钱或者避免赔钱。研究人员在这项任务中不仅能够测量金钱得失时的大脑反应，还能够确定奖赏的多少（即在示例图中的金额，分别为0美元、1美元或10美元）能否影响大脑反应。ITI，试验间隔。

斯坦福大学一个科学家小组旨在确定是否可以通过高度寻求新奇事物的14岁儿童的大脑反应模式来鉴别药物成瘾的风险。寻求新奇事物是一种促进独立的特质，因此它对于青春期是有益的。这就是为什么尽管追求新奇事物与后续药物成瘾的发展有关，但并不是所有追求新奇事物的人都会成瘾。那么，是什么使在青春期追求新奇事物成为药物成瘾的风险因素呢？为了回答这个问题，布切尔（Büchel）等人（2017）使用fMRI（见第2章），测试了144名14岁儿童的大脑动机区域的反应是否可以预测他们在16岁时可能会产生的药物滥用的情况。研究人员发现，通过使用能够衡量对金钱收益反应的金钱激励延迟任务，那些在金钱收益期间表现出动机活动较少的14岁儿童在16岁时更有可能滥用药物。换句话说，这些寻求新奇事件的儿童在其动机脑区的激活不足可能是其日后药物滥用的一个预测因素。

参考文献

Blum, K., Braverman, E. R., Holder, J. M., *et al.* (2000). Reward deficiency syndrome: a biogenetic model for the diagnosis and treatment of impulsive, addictive, and compulsive behaviors. *J Psychoactive Drugs,* 32, Suppl. 1, p. i-iv, 1–112112.

Blum, K., *et al.*Gardner, E., Oscar-Berman, M. & Gold, M. (2012). "Liking" and "wanting" linked to Reward Deficiency Syndrome (RDS): hypothesizing differential responsivity in brain reward circuitry. *Curr Pharm Des,* 18(1), 113–118. doi:10.2174/138161212798919110

Büchel, C., Peters, J., Banaschewski, T., *et al.* (2017). Blunted ventral striatal responses to anticipated rewards foreshadow problematic drug use in novelty-seeking adolescents. *Nat Commun,* 8, 14140. doi:10.1038/ ncomms14140

Carelli, R. M., Ijames, S. G. & Crumling, A. J. (2000). Evidence that separate neural circuits in the nucleus accumbens encode cocaine versus "natural" (water and food) reward. *J Neurosci,* 20(11), 4255–4266. doi:10.1523/JNEUROSCI.20-11-04255.2000

Dobryakova, E., DeLuca, J., Genova, H. M. & Wylie, G. R. (2013). Neural correlates of cognitive fatigue: cortico-striatal circuitry and effort-reward imbalance. *J Int Neuropsychol Soc,* 19(8), p. 849–853. doi:10.1017/S1355617713000684

Filbey, F. M., Claus, E. D. & Hutchison, K. E. (2011). A neuroimaging approach to the study of craving. In: Adinoff, A. & Stein, E., eds. *Neuroimaging in Addiction.* London: Wiley-Blackwell, pp. 133–156.

Garavan, H., Pankiewicz, J., Bloom, A., *et al.* (2000). Cue-induced cocaine craving: neuroanatomical specificity for drug users and drug stimuli. *Am J Psychiatry,* 157(11), 1789–1798. doi:10.1176/appi. ajp.157.11.1789

Kalivas, P. W. & Volkow, N. D. (2005). The neural basis of addiction: a pathology of motivation and choice. *Am J Psychiatry,* 162(8), 1403–1413. doi:10.1176/appi.ajp.162.8.1403

Kelley, A. E. (2004a). Memory and addiction: shared neural circuitry and molecular mechanisms. *Neuron,* 44(1), 161–179. doi:10.1016/j. neuron.2004.09.016

(2004b). Ventral striatal control of appetitive motivation: role in ingestive behavior and reward-related learning. *Neurosci Biobehav Rev,* 27(8), 765–776. doi:10.1016/j.neubiorev.2003.11.015

Olds, J. & Milner, P. (1954). Positive reinforcement produced by electrical stimulation of septal area and other regions of rat brain. *J Comp Physiol Psychol,* 47(6), 419–427. doi:10.1037/h0058775

Paxinos, G. & Watson, C. (1997). *The Rat Brain in Stereotaxic Coordinates,* 3rd edn. New York, NY: Academic Press.

Robinson, T. E. & Kolb, B. (1997). Persistent structural modifications in nucleus accumbens and prefrontal cortex neurons produced by previous experience with amphetamine. *J Neurosci,* 17(21), 8491–8497. doi:10.1523/JNEUROSCI.17-21-08491.1997

Salamone, J. D., Correa, M., Farrar, A. & Mingote, S. M. (2007). Effort-related functions of nucleus accumbens dopamine and associated forebrain circuits. *Psychopharmacology (Berl),* 191(3), 461–482. doi:10.1007/s00213-006-0668-9

Volkow, N. D., Chang, L., Wang, G. J. *et al.* (2001). Loss of dopamine transporters in methamphetamine abusers recovers with protracted abstinence. *J Neurosci,* 21(23), 9414–9418. doi:10.1523/ JNEUROSCI.21-23-09414.2001

White, N. M. (1996). Addictive drugs as reinforcers: multiple partial actions on memory systems. *Addiction,* 91(7), 921–949; discussion 951–65. doi:10.1046/j.1360-0443.1996.9179212.x

第5章

中毒

学习目标

- 能够解释中毒的概念。
- 理解药效动力学的原理。
- 能够讨论每种药物类别的作用。
- 能够总结中毒对葡萄糖代谢、大脑血流量、脑功能和电生理学的影响。
- 能够描述中毒效应的调节因素。

引言

药物中毒（drug intoxication）是指药物的急性作用，发生在服用了大剂量的药物后产生了明显的行为、生理或认知障碍。正是这些效应促使人们开始吸毒。人们吸食毒品和服用酒精后，会产生一系列短期和长期影响。虽然一些中毒的效应是令人愉快和渴望的，但其他效果是令人厌恶的（图5.1）。

例如，酒精中毒或醉酒状态表现为面部潮红、口齿不清、步态不稳、情绪高涨、活动增加、健谈、行为混乱、反应迟钝、判断力受损、运动不协调、麻木和昏厥。了解中毒对大脑的影响可以帮助我们了解这一过程是如何导致药物成瘾的。本章将讨论在使用酒精、尼古丁、大麻和可卡因这些最常见的滥用物质时，发生的这些强烈愉悦感背后的机制。

图5.1 酒精中毒可能损害运动能力。

根据ICD-10,"中毒是一种在服用精神活性物质后,导致意识、认知、感知、判断、情感、行为或其他心理生理功能和反应方面的紊乱状态"(世界卫生组织,2004)。紊乱来自药物的直接药理作用和习得经验。急性中毒是短暂的,并与剂量水平呈正相关。随着时间的推移,中毒的强度减弱,如果不再使用这种物质,其影响最终会消失。中毒症状并不总是反映该物质的主要作用。例如,抗抑郁药物可能导致躁动或过度活跃的症状,而兴奋剂药物可能导致社交孤僻和内向行为。大麻、致幻剂等一些药物可能会导致不可预测的效果,而许多精神活性物质在不同程度的中毒情况下会产生不同的效果,例如酒精中毒期间,低剂量时与兴奋效应有关,中等剂量时可能会产生激动,较高剂量时可能会产生镇静。

药物药效动力学

要了解成瘾药物对大脑和行为的具体影响,就先要理解药效动力学(pharmacodynamics)原理。药效动力学是指药物在器官和细胞水平上的作用机制。这还涉及药物的剂量效应关系,以及药物的相互作用。大多数药物通过受体结合与靶生物分子(比如酶、离子通道和转运蛋白）发生相互作用。受体是位于细胞表面的大分子，其功能是识别药物信号并启动反应（即转导）。根据受体对药物的反应可以对药物进行分类（图5.2）：激动剂激活受体；拮抗剂阻断激动剂对受体的作用；反激动剂激活受体产生与激动剂相反方向的作用；部分激动剂激活受体，但仅在次高水平，同时阻断完整激动剂的作用；配体选择性地与特定的受体或位点结合。有四种类型的受体可以转导信号并引发反应，分别是：G蛋白偶联受体、离子通道受体、酶联受体和基因表达受体。

成瘾药物的作用

虽然在服药后立即产生的"兴奋"或"冲动"感，与纹状体（特别是伏隔核）细胞外多巴胺的增加有关（见第4章），但不同的物质有不同的作用机制。兴奋剂作用于不同的分子。例如，安非他明、可卡因、LSD和摇头丸可以通过触发多巴胺释放或阻断多巴胺转运蛋白来增加多巴胺。多巴胺转运蛋白是将多巴胺循环回神经末梢的主要机制。多巴胺水平的升高会让人感到警觉和快乐，并减少饥饿感（见第4章可卡因对多巴胺转运蛋白的作用）。安非他明、可卡因和LSD会提高血清素水平。而血清素水平的提高会产生幸福感和满足感，增加的血清素也能缓解疼痛。最后，安非他明和可卡因还能起到去甲肾上腺素受体激动剂的作用，引起心率加快，增强警觉性和幸福感，并减少血液循环和疼痛。尼古丁也是一种兴奋剂，在尼古丁乙酰胆碱受体（nicotinic acetylcholine receptors，nAChRs）中起着受体激动剂的作用，特别是 $\alpha_4\beta_2$ 受体；而在 $\alpha_4\beta_9$ 和 $\alpha_4\beta_{10}$ 受体中，它起着受体拮抗剂的作用。$\alpha_4\beta_2$ 受体存在于多巴胺神经元上，可能是尼古丁发挥增强作用的机制。乙酰胆碱调节其他神经递质功能，与记忆力增加、肌肉收缩、汗液和唾液分泌以及心率降低有关，而nAChRs的激活导致乙酰胆碱的增加。像酒精、巴比妥酸盐和苯二氮卓类药物这些镇静剂或抑制剂，通过对GABA受体的作用间接增加多巴胺，从而降低神经元的兴奋性。这种作用会导致大脑功能的下降，引起嗜睡，降低焦虑、警觉性、记忆力和肌肉紧张。苯环啶（phencyclidine，PCP）、氯胺酮等镇静麻醉药物是N-甲基-D-天冬氨酸（N-methyl-d-aspartate，NMDA）受体（一种谷氨酸受体）拮抗剂，其主要作用是增加兴奋性传递，导致视觉和听觉失真（幻觉），以及更高剂量下的知觉改变（解离或分离感）。像吗啡、海洛因和氢可酮这些阿片类药物与多巴胺和GABA神经元上的 μ-阿片受体结合，从而调节多巴胺功能。这些阿片类药物与 μ-阿片受体的结合导致镇静，增强嗜睡，减少焦虑和疼痛。大麻中的四氢大麻酚（tetrahydrocannabinol，THC）是大麻素1（cannabinoid 1，CB1）受体的部分激动剂，可调节多巴胺细胞和突触后多巴胺信号。THC对CB1受体的影响包括增加饥饿感、幸福感和平静感，但也可能产生异常的想法和感觉。此外，CB1受体对多巴胺功能的调节作用提供了

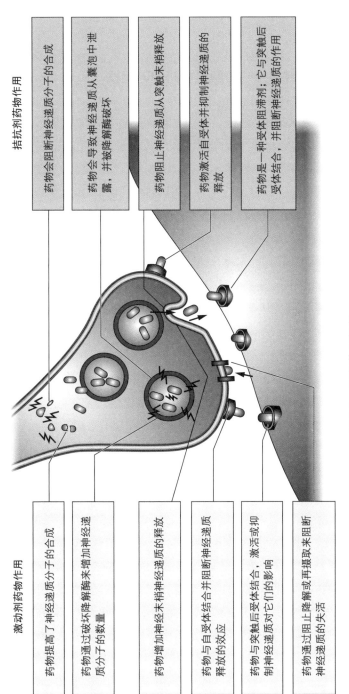

图 5.2 药物作用机制。

一种机制，通过这种机制，THC可以增加酒精、尼古丁、可卡因、阿片类药物等其他滥用药物的强化作用。

中毒的脑机制：来自神经成像药理学研究的证据

神经成像学方法（见第2章）提高了我们对成瘾药物中毒效应背后的大脑机制的理解。这些范式通常提供单剂量给药，并将功能神经成像方法与自我测评（问卷或临床访谈）相结合，以跟踪与急性中毒相关的大脑功能和主观体验。因此，虽然动物研究已经提供大量的证据表明药物中毒与多巴胺水平的紊乱有关，但只有人类的神经成像研究才能将这些发现与药物中毒的行为表现（如兴奋和渴望）结合起来。人类神经成像研究面临的最大挑战涉及急性药理效应的时间问题。像尼古丁和酒精这些物质在大脑中弥散的速度很快，且与其他物质相比，其作用持续时间较短。这就是这些物质被广泛研究的原因之一。

一些早期的研究利用EEG技术来说明药物对人脑的急性影响。这些研究为滥用物质以多种方式作用于大脑的机制提供了证据。在急性服用大麻、酒精和可卡因后，研究人员观察到了不同事件相关电位（event-related potential，ERP）成分的改变（Porjesz & Begleiter, 1981; Roth et al., 1977）。尼古丁使用过程中的EEG记录显示频率从低到高的变化。具体来说，多米诺（Domino, 2003）给熬夜戒烟者服用尼古丁含量为平均水平的香烟，发现其EEG α_1、δ 和 θ 频段振幅降低，而 α_2 和 β 频段振幅升高，这表明人暴露于尼古丁后提高了觉醒性和警觉性。然而，对酒精的EEG研究发现了相反的效果，变化主要发生在较低的频段。例如，研究发现年轻的成年男性在饮酒90分钟后，低剂量乙醇（0.75 mg/kg）会增加θ（4—7Hz）和α（7.5—9Hz）频段的功率（Ehler et al., 1989）。值得关注的是，那些在服用乙醇之前具有快速α波（9—12Hz）活动较强的人报告说，与那些服用药物前快速α波较弱的人相比，摄入酒精后的醉酒感觉较弱。总之，α频率的增加似乎是急性中毒期间欣快感的基础（Lukas et al., 1995）。

除了EEG，PET和SPECT技术还可以在神经元受体水平上显示急性药物效应。这些研究提供了标记的受体特异性配体的位移信息，使受体在受影响回路中的调控得以可视化。多项研究表明，酒精对多巴胺水平有急性影响。在吸烟者中，PET研究已经证实了对nAChR结合存在剂量依赖性的影响。例如，布罗迪（Brody）等人（2006）在PET过程中使用 2-[^{18}F]氟-3-(2(S)-氮杂环丁烷甲氧基)吡啶作为nAChRs的配体，以确定 β_2*nAChRs（含有 β_2*亚基的nAChRs，其中*代表可能是受体一部分的其他亚基）在不同数量的尼古丁（不吸烟、吸一口烟、吸三口烟、吸一整根烟或吸两根半至三根后的饱腹感）中的占有率。他们发现香烟烟雾暴露量与 β_2*nAChR 占有率之间存在线性关系（图5.3）。他们进一步指

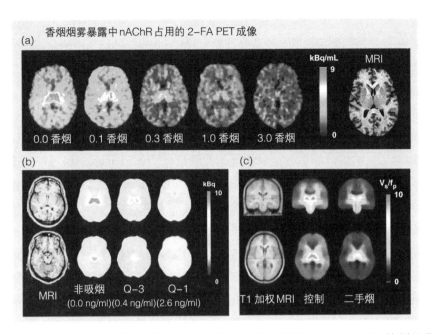

图5.3 确定尼古丁给药影响的PET研究。(a) 尼古丁摄入导致 $\alpha_4\beta_2$*nAChRs 的剂量依赖性占有（随着剂量增加，蓝色标记的nAChR结合逐渐减少）。(b) 低尼古丁香烟会导致26%和79%的 $\alpha_4\beta_2$*nAChR 占有率。(c) 中度二手烟暴露会导致在吸烟者（显示）和非吸烟者（未显示）中 $\alpha_4\beta_2$*nAChRs 占有率为19%。2-FA, 2-[^{18}F]氟-3-(2(S)-氮杂环丁烷甲氧基)吡啶；MRI, 磁共振成像。（摘自Jasinska et al., 2014.; 彩色版本请扫描附录二维码查看。）

出，β_2*nAChR 的结合在暴露后持续了3.1小时，这表明 β_2*nAChR 持续饱和。在SPECT中使用化学物质 5-[^{123}I]碘代 -85380 对 β_2*nAChR 的占用也有类似的延长效应（Esterlis et al., 2010）。他们发现，受试者吸烟至饱腹感（约2.4根）后，受体占有率为67±9%（范围为55%—80%）。值得注意的是，这些研究是在有经验的吸烟者中进行的，因此对于初次吸烟者来说，研究结果可能会有所不同。然而，关于二手烟的研究已经在吸烟者和非吸烟者中报告了类似的nAChR占有率（图5.3c）。

PET还可以反映这些物质如何影响大脑的能量利用或葡萄糖代谢（大脑的主要能量来源）。在可卡因滥用者、急性服用可卡因者和酗酒者（及对照组）中，急性饮酒会降低大脑的葡萄糖代谢（Volkow et al., 1990）。许多研究表明，低至中等剂量的酒精（0.25—0.75 g/kg）使大脑，特别是在枕叶皮层（用于视觉处理）和小脑（用于运动和平衡）中的葡萄糖代谢显著降低，降幅在10%到30%之间（Volkow et al., 2006; Wang et al., 2000）。这种葡萄糖代谢的变化具有网络特异性，比如中等剂量的酒精（0.75 g/kg）降低了绝对整体大脑的新陈代谢，但增加了纹状体（包括伏隔核）和杏仁核等奖赏动机区域的新陈代谢。已知急性饮酒后葡萄糖代谢下降(低血糖),那么大脑消耗的能量又是什么?研究表明,在急性酒精中毒期间,醋酸盐可能是替代葡萄糖的一种大脑能量来源(Volkow et al., 2013)。这是在一项酒精挑战研究中发现的。在该研究中,大脑中[^{18}F]氟代脱氧葡萄糖降幅最大的区域对[1-^{11}C]乙酸盐的摄取增加量最多。

除了葡萄糖代谢的变化,PET还提供了关于成瘾药物影响脑血流的信息。PET研究表明,这些影响并不波及整个大脑,但具有区域特异性。有关酒精的研究表明,在摄入不同剂量的酒精之后,前额叶和颞叶区域中大脑血流量会增加(Sano et al., 1993;Tolentino et al., 2011);与之相反,小脑的脑血流量似乎减少了(Ingvar et al., 1998)。除了大脑血流变化之外,另一种方法是通过fMRI观察到功能连接的波动来测量大脑活动。具体来说,功能磁共振成像期间的静息态功能连接(resting-state functional connectivity,rsFC)是一种在静息状态(而非任务执行期间)下功能连接的技术,也被称为内在连接,用于推断大脑激活区域之间的时间相关性。急性静脉注射酒精后的rsFC研究表明,听觉网络(颞叶和前扣带回)和视觉皮质网络的内在连接性增加(Esposito et al., 2010)。这些研究考虑了药物对血管的影响,可能会扰乱脑血流。例如,可卡因使血管收缩的特性会减少大脑血流量。

fMRI研究还可以评估急性中毒如何影响任务执行期间的大脑功能,而非如上所述的静息状态。一些早期的研究检测了饮酒后大脑对简单视觉和听觉刺激的反应(Levin et al., 1998;Seifritz et al., 2000),指出饮酒后视觉和听觉皮层的大脑激活会减少(通过BOLD信号;见第2章)。后来的研究也报道了在饮酒后认知或情感任务中神经反应效果也会类似下降。例如,酒精摄入增加了对注意力任务作出反应所需的时间,增加了错分、漏分误差(Anderson et al., 2011)。在包括脑岛、外侧前额叶和顶叶在内的几个大脑区域,发现了大脑反应的剂量依赖性也会降低。也有报道称,与驾驶表现相关的大脑区域的神经激活也有类似的剂量相关的减少(Meda et al., 2009)。图5.4展示了一个虚拟现实驾驶模拟器设备的示例。梅达(Meda)等人(2009)在不同血液酒精浓度下,使用fMRI测试了使用这种设备的驾驶性能。研究结果显示,在驾驶过程中,特别是在高剂量(0.10%血液酒精浓度)时,时空(上、中、眶额回,前扣带回,初级、补充运动区,基底神经节和小脑)神经反应受到剂量依赖性的破坏。在性能方面,白线穿越和平均速度也显示出显著的剂量依赖性变化。总之,这些任务激活fMRI研究表明,酒精通过对涉及注意力、感知觉、运动计划和控制的大脑区域的重大改变来减少大脑活动。

就醉酒状态下的情绪处理而言,酒精fMRI研究表明,酒精会削弱大脑对情绪刺激的反应。例如,吉尔曼(Gilman)等人(2008)报告称,血液中酒精含量为0.08%(乙醇输注后)的受试者在观看恐惧或中性面孔时,大脑中重要的处理情绪的区域(杏仁核、脑岛和海马旁回)会出现无差别反应(图5.5)。也有证据表明,在观看威胁性面孔(如愤怒、恐惧)时,

图5.4 虚拟现实驾驶模拟器设备的示例。

（摘自 Fan et al., 2018.）

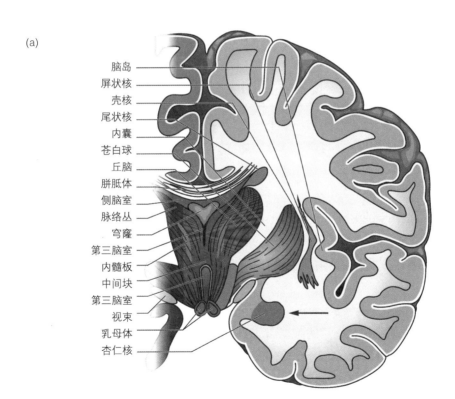

图5.5 （a）杏仁核的位置（箭头所示）。（b）酒精中毒时大脑区域对情绪面孔的反应。*表明在激活水平的统计上有显著差异。

（b部分摘自 Gilman et al., 2008. © 2008 Society for Neuroscience, USA.）

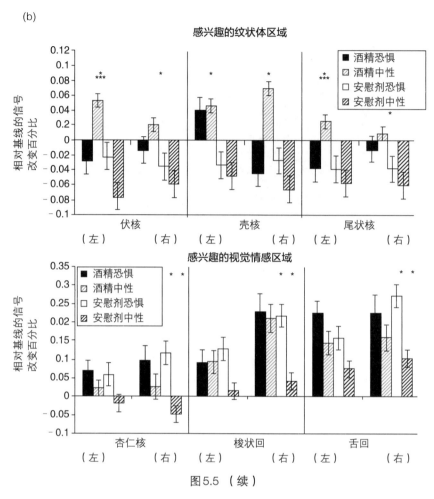

图5.5（续）

杏仁核作为情绪识别的关键区域，反应缺失（Slipada et al., 2011）。

调节中毒：人类研究中的挑战

值得注意的是，在药物和酒精中毒作用的表现上，个体存在着很大的差异。这是由几个与中毒背后的机制相互作用的因素造成的。这些因素可能有：与环境相关因素，例如药物的消耗率、浓度或效力；个人特征因素，例如性别、年龄或遗传；与状态相关因素，例如对物质使用的期望值或适应性（如耐受；见本章"聚焦"板块中这些因素是如何给执法者带来挑战）。药物起作用的速度取决于服用的剂量、给药方式以及进出大脑的清除率。例如，静脉注射能最快发挥药物效果是因为在该方式下，药物到达大脑的速度更快。对物质的反应也与以前的服药经历有关，比如中毒的程度（即多巴胺的增加）会随着物质使用的严重程度而减弱。例如，急性服用哌醋甲酯后，D_2 受体利用率低的活跃型可卡因滥用者的前额叶纹状体区域的葡萄糖代谢水平会增加（Volkow et al., 1999），但非成瘾者相应脑区的葡萄糖代谢水平会降低（Volkow et al., 2005）。个人特征和对药物使用的期望值（药物的预期效果）的个体差异会影响中毒行为，并可能干扰药物的药效学特性。女性通常对药物的中毒作用更敏感，可能是由于体重、体脂率或肾脏对药物的清除率（由于肾小球滤过率较低，女性的清除率较低）的总体差异。类似的年龄效应可能是由于随着年龄的增长，肾脏和肝脏的清除率会较低。最后，基于潜在遗传因素的多巴胺敏感性也会影响对药物中毒效应的反应。这一观点表明，多巴胺 D_2 受体基因（DRD2）等位基因的遗传变异可能会导致多巴胺释放过敏，从而增加复发的可能性（Blum et al., 2009）。换句话说，与 DRD2 A2 等位基因相比，多巴胺拮抗剂可能导致在携带 DRD2 A1 等位基因的人群中，大脑奖赏回路的激活更强烈，因为携带 A1 等位基因的人的 D_2 受体密度明显低于携带 DRD2 A2 等位基因的人。

本章总结

- 药物靶向的特异性导致了不同的中毒效应。
- 中毒期间的脑血流具有区域特异性。
- 中毒期间，葡萄糖代谢降低与同一区域醋酸盐的增加有关。
- 中毒的程度是由许多因素造成的，这些因素有：与环境相关因素，个人特征因素，以及与状态相关因素。
- 醉酒驾驶是由于与剂量相关的神经活动减少造成的，在高剂量时表现得尤为明显。这种神经活动直接影响驾驶的表现。

回顾思考

- 描述导致每种药物产生不同中毒效应的具体机制。
- 影响中毒效应差异的因素可以分为哪些？
- 总的来说，EEG 研究表明中毒期间大脑电生理的变化是什么？
- 中毒期间大脑血流是如何受到影响的？
- 中毒状态下，葡萄糖和醋酸盐发生了什么变化？
- 描述醉酒驾驶的神经基础。
- 在中毒期间，情绪症状背后的机制是什么？

拓展阅读

- Calhoun, V. D., Pekar, J. J. & Pearlson, G. D. (2004). Alcohol intoxication effects on

- Hsieh, Y. J., Wu, L. C., Ke, C. C., et al. (2018). Effects of the acute and chronic ethanol intoxication on acetate metabolism and kinetics in the rat brain. *Alcohol Clin Exp Res,* 42(2), 329–337. doi:10.1111/acer.13573

- Mathew, R. J., Wilson, W. H., Coleman, R. E., Turkington, T. G. & DeGrado, T. R. (1997). Marijuana intoxication and brain activation in marijuana smokers. *Life Sci,* 60(23), 2075–2089. doi:10.1016/S0024-3205(97) 00195-1

- Volkow, N. D., Kim, S. W., Wang, G. J., et al. (2013). Acute alcohol intoxication decreases glucose metabolism but increases acetate uptake in the human brain. *Neuroimage,* 64, 277–283. doi:10.1016/j.neuroimage.2012.08.057

- Volkow, N. D., Wang, G. J., Fowler, J. S., et al. (2000). Cocaine abusers show a blunted response to alcohol intoxication in limbic brain regions. *Life Sci,* 66(12), PL161–167. doi:10.1016/S0024-3205(00)00421-5

聚焦 大麻合法的争议

在美国，娱乐性使用大麻的合法化使加利福尼亚州成为世界上最大的大麻市场。由于当地执法部门有责任确保加州道路的安全不受毒驾司机的影响，这给当地执法部门带来了挑战（图S5.1）。因为与血液酒精水平（加州为0.08%）等法律限制的可量化标记不同，加州没有设定测量吸毒程度的指标，而且吸毒、认知和运动障碍在个体之间有很大的差异，所以加州警察现在接受培训，学习如何在没有客观措施的帮助下识别毒驾司机。虽然一些加州的警局正在使用唾液测试，但是血液检测是提供THC定量的唯一方法。并且目前在加州，血液检测是一种自愿测试，司机可以拒绝。事实上，有许多因素（比如大麻是如何被消耗和代谢的）影响可测量的水平，从而降低了唾液测试等这些测试的意义，因此，当局的所有这些努力可能都是徒劳的。归根结底，目前最好的方法就是培训执法人员，通过在12个不同的步骤中寻找认知变化来筛查毒驾，让他们发现受大麻损伤的迹象。例如，警察要求嫌疑人仰起头来估计30秒的时间。因为药物会影响使用者的感知，一些药物会使人感觉时间变慢，而另一些药物则会产生时间加快的感觉。加州高速公路巡逻队和其他机构也与加州大学圣地亚哥分校的药用大麻研究中心合作。该中心正在分析并试图改善人类药物识别专家和唾液测试，这是一项为期2年、耗资180万美元的研究的一部分。研究人员给180名志愿者注射了不同效力级别的大麻，然后测量他们在驾驶模拟器中的表现，以及探究发现任何损伤的方法。他们还试图了解是否存在某种特定的大麻中毒程度会影响驾驶。

图 S5.1　美国大麻立法变化期间的执法挑战。

（摘自 https://www.pexels.com/photo/auto-automobile-blur-buildings-532001/）

参考文献

Anderson, B. M., Stevens, M. C., Meda, S. A., *et al.* (2011). Functional imaging of cognitive control during acute alcohol intoxication. *Alcohol Clin Exp Res,* 35(1), 156–165. doi:10.1111/j.1530-0277.2010.01332.x

Blum, K., Chen, T. J., Downs, B. W., *et al.* (2009). Neurogenetics of dopaminergic receptor supersensitivity in activation of brain reward circuitry and relapse: proposing "deprivation-amplification relapse therapy" (DART). *Postgrad Med,* 121(6), 176–196. doi:10.3810/pgm.2009.11.2087

Brody, A. L., Mandelkern, M. A., London, E. D., *et al.* (2006). Cigarette smoking saturates brain $\alpha_4\beta_2$ nicotinic acetylcholine receptors. *Arch Gen Psychiatry,* 63(8), 907–915. doi:10.1001/archpsyc.63.8.907

Domino, E. F. (2003). Effects of tobacco smoking on electroencephalographic, auditory evoked and event related potentials. *Brain Cogn,* 53(1), 66–74. doi:10.1016/S0278-2626(03)00204-5

Ehlers, C. L., Wall, T. L. & Schuckit, M. A. (1989). EEG spectral characteristics following ethanol administration in young men. *Electroencephalogr Clin Neurophysiol,* 73(3), 179–187. doi:10.1016/0013-4694(89)90118-1

Esposito, F., Pignataro, G., Di Renzo, G., et al. (2010). Alcohol increases spontaneous BOLD signal fluctuations in the visual network. *Neuroimage,* 53(2), 534–543. doi:10.1016/j.neuroimage.2010.06.061

Esterlis, I., Cosgrove, K. P., Batis, J. C., et al. (2010). Quantification of smoking-induced occupancy of β_2-nicotinic acetylcholine receptors: estimation of nondisplaceable binding. *J Nucl Med,* 51(8), 1226–1233. doi:10.2967/jnumed.109.072447

Fan, J., Chen, S., Liang, M. & Wang, F. (2018). Research on visual physiological characteristics via virtual driving platform. *Adv Mech Eng,* 10(1), 1687814017717664. doi:10.1177/1687814017717664

Gilman, J. M., Ramchandani, V. A., Davis, M. B., Bjork, J. M. & Hommer, D. W. (2008). Why we like to drink: a functional magnetic resonance imaging study of the rewarding and anxiolytic effects of alcohol. *J Neurosci,* 28(18), 4583–4591. doi:10.1523/JNEUROSCI.0086-08.2008

Ingvar, M., Ghatan, P. H., Wirsén-Meurling, A., et al. (1998). Alcohol activates the cerebral reward system in man. *J Stud Alcohol,* 59(3), 258–269. doi:10.15288/jsa.1998.59.258

Jasinska, A. J., Zorick, T., Brody, A. L. & Stein, E. A. (2014). Dual role of nicotine in addiction and cognition: a review of neuroimaging studies in humans. *Neuropharmacology,* 84, 111–122. doi:10.1016/j.neuropharm.2013.02.015

Levin, J. M., Ross, M. H., Mendelson, J. H., et al. (1998). Reduction in BOLD fMRI response to primary visual stimulation following alcohol ingestion. *Psychiatry Res,* 82(3), 135–146. doi:10.1016/S0925-4927(98)00022-5

Lukas, S. E., Mendelson, J. H. & Benedikt, R. (1995). Electroencephalographic correlates of marihuana-induced euphoria. *Drug Alcohol Depend,* 37(2), 131–140. doi:10.1016/0376-8716(94)01067-U

Meda, S. A., Calhoun, V. D., Astur, R. S., et al. (2009) Alcohol dose effects on brain circuits during simulated driving: an fMRI study. *Hum Brain Mapp,* 30(4), 1257–1270. doi:10.1002/hbm.20591

Porjesz, B. & Begleiter, H. (1981). Human evoked brain potentials and alcohol. *Alcohol Clin Exp Res,* 5(2), 304–317. doi:10.1111/j.1530-0277.1981.tb04904.x

Roth, W. T., Tinklenberg, J. R. & Kopell, B. S. (1977). Ethanol and marihuana effects on event-related potentials in a memory retrieval paradigm. *Electroencephalogr Clin Neurophysiol,* 42(3),

381–388. doi:10.1016/0013-4694(77)90174-2

Sano, M., Wendt, P. E., Wirsén, A., *et al*. (1993). Acute effects of alcohol on regional cerebral blood flow in man. *J Stud Alcohol,* 54(3), 369–376. doi:10.15288/jsa.1993.54.369

Seifritz, E., Bilecen, D., Hänggi, D., *et al*. (2000). Effect of ethanol on BOLD response to acoustic stimulation: implications for neuropharmacological fMRI. *Psychiatry Res,* 99(1), 1–13. doi:10.1016/ S0925-4927(00)00054-8

Sripada, C. S., Angstadt, M., McNamara, P., King, A. C. & Phan, K. L. (2011). Effects of alcohol on brain responses to social signals of threat in humans. *Neuroimage,* 55(1), 371–380. doi:10.1016/j. neuroimage.2010.11.062

Tolentino, N. J., Wierenga, C. E., Hall, S., *et al*. (2011). Alcohol effects on cerebral blood flow in subjects with low and high responses to alcohol. *Alcohol Clin Exp Res,* 35(6), 1034–1040. doi:10.1111/j.1530- 0277.2011.01435.x

Volkow, N. D., Hitzemann, R., Wolf, A. P., *et al*. (1990). Acute effects of ethanol on regional brain glucose metabolism and transport. *Psychiatry Res,* 35(1), 39–48. doi:10.1016/0925-4927(90)90007-S

Volkow, N. D., Wang, G. J., Fowler, J. S., *et al*. (1999). Blockade of striatal dopamine transporters by intravenous methylphenidate is not sufficient to induce self-reports of "high". *J Pharmacol Exp Ther,* 288(1), 14–20.

Volkow, N. D., Wang, G. J., Ma, Y., *et al*. (2005). Activation of orbital and medial prefrontal cortex by methylphenidate in cocaine-addicted subjects but not in controls: relevance to addiction. *J Neurosci,* 25(15), 3932–3939. doi:10.1523/JNEUROSCI.0433-05.2005

Volkow, N. D., Wang, G. J., Franceschi, D., *et al*. (2006). Low doses of alcohol substantially decrease glucose metabolism in the human brain. *Neuroimage,* 29(1), 295–301. doi:10.1016/j.neuroimage.2005.07.004

Volkow, N. D., Kim, S. W., Wang, G. J., *et al*. (2013). Acute alcohol intoxication decreases glucose metabolism but increases acetate uptake in the human brain. *Neuroimage,* 64, 277–283. doi:10.1016/j. neuroimage.2012.08.057

Wang, G. J., Volkow, N. D., Franceschi, D., *et al*. (2000). Regional brain metabolism during alcohol intoxication. *Alcohol Clin Exp Res,* 24(6), 822–829.

World Health Organization (2004). *ICD-10,* 2nd edn. Geneva: World Health Organization.

第6章
戒断

学习目标

- 能够解释戒断的概念。
- 能够描述导致戒断不同症状的各种因素。
- 了解导致戒断症状的机制。
- 能够理解急性和长期戒断症状的不同神经生物学机制。
- 能够总结可用于缓解戒断症状的分子靶标。

引言

戒断是在停止使用已引起生理依赖性的药物后发生的一种消极状态。换句话说，戒断最常发生在那些定期而非偶尔使用药物的人中。戒断症状通常包括易怒、失眠、食欲变化、烦躁不安、头痛、恶心和神经质。与其他药物效应（即中毒）非常相似，戒断症状会因药物类型而异，并受药物使用的频率和数量等个体因素的影响。患者长期使用鸦片、酒精和镇静剂等药物，其戒断症状可能会很严重，甚至会致命。戒断症状在整个戒断过程中也有所不同，这表明尽管急性戒断和长期戒断都可能导致药物复吸，但两者的神经生物学机制并不相同。

当药物不再存在于体内时，为什么大脑会表现出这些强烈的症状？我们从戒断状态中了解到了哪些可以用来促进长期戒断的知识？目前的证据表明，戒断是大脑试图适应强效物质涌入的表现。神经适应包括受体的下调或减少（如可卡因存在下的多巴胺、海洛因存在下的阿片类受体和酒精存在下的GABA受体）。所有这些适应行为都是机体为了在物质存在时保持平衡或内稳态所做的调整。

本章将讨论有关戒断综合征的神经生物学基础的最新知识。除了讨论引起戒断症状的因素外,我们还将讨论不同戒断症状背后的神经机制。

戒断是什么样子的?

就像中毒症状(见第5章)一样,药物戒断会产生不同的表现,这取决于物质的药理机制(表6.1)。但是,戒断通常在行为上以中毒相反的方式表现出来。例如,阿片类药物中毒时瞳孔会收缩,在戒断期间瞳孔却会扩张。其他的躯体症状包括睡眠困难、出汗、震颤、肌肉酸痛和癫痫发作。通常,所有药物的戒断症状都会导致情绪障碍,障碍的程度根据药物类型的不同而不同(见本章"聚焦1"板块中有关新生儿戒断综合征的描述)。消极情绪状态(如焦虑)的特征是无法从常见的非药物相关的奖励(如食物、人际关系)中获得愉悦感(见本章"聚焦2"板块中关于停止使用互联网后可能出现的消极情绪状态)。表6.1概述了药物特有的戒断效应,例如精神兴奋剂戒断期间的疲劳、情绪低落和意识活动迟缓,而安非他明戒断与动机降低有关,例如对比例渐进式的甜味溶液的反应减弱(Orsini et al., 2001)。戒断症状也因对药物的戒断时间长短而异,我们可以根据其是否与药物的短期(急性)戒断或长期(稽延性)戒断有关进行分类。急性戒断症状是在最后一次使用该药物后数小时或几天内开始出现的症状,而长期戒断症状则是在戒断药物的最初反应之后出现的症状,并能持续数月甚至数年。

戒断症状发生的时间线主要取决于每种药物的半衰期。半衰期是一种药代动力学参数,由药物在血浆中的浓度或在体内的总量减少50%所需的时间定义。换句话说,经过一个半衰期后,体内药物的浓度将是起始剂量的一半。如图6.1所示,研究表明,尽管大麻的半衰期变化很大,但通常约为3—4天。与大麻不同,其他药物的半衰期较短,导致停药后戒断症状发作得更快,例如海洛因的半衰期为12小时、鸦片制剂为8小时、酒精为8小时、苯二氮卓类为24小时。但是,如前所述,个体经历戒断症状的严重程度和持续时间会因药物使用时间、使用频率和剂量、新陈代谢水平、性别、年龄、体重、摄入方法(如吸入、注射、吞咽、鼻吸)、医疗和精神健康因素、遗传易感性以及其他物质的存在等因素而有所不同。例如,研究表明,酒精对男性多巴胺释放的影响大于其对女性的影响,这可能是男性酒精使用障碍发生率(约占总人口的10%)比女性(约占总人口的3%—5%)多的原因(美国国立酒精滥用和酒精中毒研究所,2006)。

表6.1 药物特异性和急性戒断症状的时间

药物	发病	持续时间	特征	身心问题
可卡因	取决于服药的方法——在最后一次用药的数小时后	3—4天	失眠、过度烦躁不安 食欲增加 抑郁 偏执狂 精力减退	中风 心血管性虚脱 心肌梗死 器官梗死 暴力 严重的抑郁症 自杀
酒精	在血液中酒精含量下降后的24—48小时内	5—7天	血压、心率和体温上升 恶心、呕吐、腹泻 癫痫发作 震颤性谵妄 死亡	几乎所有的器官系统都受到了影响：心肌病、肝病、食道和直肠静脉曲张、科尔萨科夫综合征 胎儿酒精综合征
海洛因	在最后一次用药后的24小时内	4—7天	恶心 呕吐 腹泻 鸡皮疙瘩 流鼻涕 流泪 打呵欠	脱水 新生儿戒断综合征
大麻	3—5天	最多28天	易怒 食欲障碍 睡眠障碍 恶心 难以集中注意力 眼球震颤 腹泻	
尼古丁	1—2天	1—10周	易怒 焦虑 抑郁 难以集中注意力 食欲增加	失眠 便秘 头昏眼花 恶心 喉咙痛 颤抖 心率加快

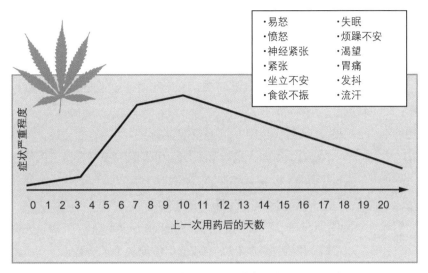

图6.1 随着时间的推移，大麻戒断症状的严重程度。

急性戒断症状和相关的神经机制

美国成瘾医学会（American Society of Addiction Medicine，ASAM）将急性戒断定义为"在突然停用或迅速减少精神活性物质剂量后，出现了一系列可预见的体征和症状"。停用药物后出现的这些急性症状归因于每种药物的分子机制所特有的无代偿适应性变化以及所发生的相关神经适应。例如，使用可卡因和刺激物的神经适应包括多巴胺转运体表达的增加，这导致突触后多巴胺受体数量减少，继而耗尽突触前的多巴胺（Dackis & Gold，1985）。停药后，这种多巴胺消耗状态导致了与戒断相关的不适感，从而驱动了旨在恢复多巴胺水平的寻求药物行为。实际上，实证研究发现，可卡因、吗啡、苯丙胺和酒精戒断者的伏隔核（多巴胺能奖赏系统的重要区域；见第4章）中多巴胺水平降低。此外，在慢性可卡因（Volkow et al.，1993）、酒精（Volkow et al.，1996）、甲基苯丙胺（Volkow et al.，2001）和尼古丁使用者（Fehr et al.，2008）中发现戒断期间纹状体多巴胺D_2受体结合水平较低。多巴胺能神经元适应性的改变可能导致多巴胺能奖赏系统内的区域功能障碍，例如PFC区域（即眶额皮层、背外侧前额叶、前扣带回）。PFC功能障碍可能导致类似于重度抑郁症的症状。事实上，对抑郁症患者的研究显示，PFC功能也有类似的缺陷。PFC功能障碍还会导致情绪调节受损，这与抑制性控制和应对压力相关，因此是成瘾复发的一项指标（Sinha & Li，2007）。

除了多巴胺耗竭假说外，其他神经递质系统的缺陷也在戒断期间的内稳态过程中发挥作用。与多巴胺耗竭假说相关，多巴胺信号通过GABA途径传递，因此在慢性可卡因使用者停用可卡因的头几天中，研究人员观察到其对劳拉西泮等GABA增强药物的反应（如嗜睡）敏感性有所提高。这可能归因于长期使用可卡因期间GABA调节功能下调（Volkow et al., 1998）。除多巴胺和GABA以外，其他研究也显示了可卡因戒断期间 μ-阿片受体结合水平的下降（Zubieta et al., 1996）。

就脑功能而言，研究发现药物戒断与神经反应性有关。例如，沃尔科（Volkow）等人（1991）报道，在戒断可卡因的1周内，相对于未使用可卡因的被试，可卡因使用者具有更高的全脑代谢水平（由PET确定）以及基底神经节和眶额皮质的局部脑代谢水平。因此，多巴胺能奖赏通路内区域代谢的增加也可归因于多巴胺的耗竭。在早期戒断期间（10天），研究人员观察到与可卡因使用者PFC中大脑血流量（cerebral blood flow，CBF）比健康对照组的低（Volkow et al., 1988）。作者认为，CBF的降低可能反映了长期暴露于可卡因环境中拟交感神经作用的脑动脉中的血管痉挛现象。在尼古丁使用者中，戒断一晚前后的CBF均未见变化；然而，主观戒断症状与丘脑中的CBF呈负相关（Tanabe et al., 2008）。如图6.2所示，这种负相关关系表明戒断症状越严重，戒断一晚后丘脑CBF的降低就越少。与那些戒断症状较重而又迅速缓解的人相比，尼古丁戒断程度低的人更容易复吸，塔纳贝（Tanabe）

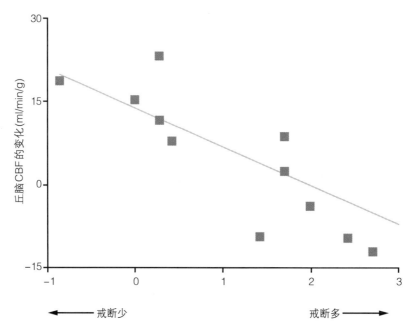

图6.2 从基线到戒断一晚前后的丘脑CBF和主观戒断尼古丁的变化，由明尼苏达州戒断评分测量的从基线到戒断的尼古丁主观戒断评分。

（摘自 Tanabe et al., 2008. © 2007 Springer Nature, USA.）

等人（2008）发现更大的CBF变化可能是导致尼古丁成瘾复发的原因之一。另外，酒精戒断症状还与纹状体—丘脑—眶额皮质回路中葡萄糖代谢水平的降低有关（Volkow et al., 1996）。

长期戒断症状和相关的神经机制

与急性戒断不同，长期戒断持续时间超过了急性戒断症状的时间上限，并具有更广泛的影响。长期戒断也被称为长期、慢性或急性戒断后综合征，且从未被美国心理学会（American Psychological Association，APA）正式接受。迄今为止，相比于急性戒断，我们对于长期戒断的机制知之甚少。尽管如此，我们研究戒酒的长期戒断症状最多。

快感缺失（anhedonia）是一种体验快乐能力的下降，是长期戒断中最常见的戒断症状之一，并且在戒酒、停用阿片类药物和其他药物期间都有被观察到。马蒂诺蒂（Martinotti）等人（2008）报道了戒酒长达1年的人群中存在快感缺失，这表明戒酒者长期戒断与这些症状有关联。长期戒断的其他症状包括焦虑、睡眠困难、短期记忆障碍、疲劳、执行功能缺陷（决策、抑制性控制）和渴望。症状范围很广，可能包括焦虑、敌意、烦躁、抑郁、情绪变化、疲劳和失眠，这些症状已被证明在停止饮酒后会持续2年或更长时间。

与急性戒断相似，相关的神经成像数据表明长期戒断者的多巴胺通路功能低下，例如D_2受体表达降低和多巴胺释放减少。这种多巴胺活性的降低可能是长期戒断期间的欣快感不足和缺乏动力的基础。研究发现存在奖赏时，这种多巴胺活性下降的持续时间超过了酒精急性戒断过程中多巴胺活性下降的时间。

在长期戒断期间，与抑制控制相关的PFC区域（如背外侧前额叶区域、前扣带回和眶额皮层）的大脑功能也会降低。值得关注的是，沃尔科（Volkow）等人（1991）报道了戒断少于1周的可卡因患者脑代谢增强，而在戒断2—4周的患者中未观察到类似的情况。这表明与戒断症状相关的代谢活性随时间而减弱。

戒断的电生理学机制

电生理学研究通过EEG频段测量和ERPs对皮层敏感性的降低进行量化，促进了我们对戒断及其相关行为的理解。研究表明，可卡因戒断会减少与嗜睡相关的低频波（即δ波和θ波）（Roemer et al., 1995），但是与警觉状态相关的α波和β波会增加（King et al., 2000）。据报道，海洛因成瘾患者在早期戒断时，α波会增加，但随着时间的推移，α波会逐渐减弱（Shufman et al., 1996）。与戒断可卡因期间观察到的模式相反，尼古丁戒断与

θ 波增加有关，但是像 α 波和 β 波之类的高频波则有所减少（Domino，2003）。α 波的降低与缓慢的反应时间有关（Surwillo，1963），也与唤醒的减少和警觉性的降低有关（Knott & Venables，1977）。但是，α 波活性的缺陷似乎会随着长期戒断而逆转，这表明它们可能能衡量药物戒断的急性效应（Gritz et al.，1975）。在戒断期间的ERP测量方面，酒精使用障碍患者中N200和P300潜伏期增加，N100和P300振幅降低（Porjesz et al.，1987）。研究人员在可卡因（Gooding et al.，2008）、海洛因（Papageorgiou et al.，2004）和尼古丁（Littel & Franken，2007）戒断研究中都发现了P300振幅降低。

这些电生理标志物可用于预测复发，因此它们在成瘾的治疗发展中发挥着关键作用。例如，有相关研究基于 α 和 β 活性的分类方法来区分戒酒者与复发患者，预测准确率为83%—85%（Winterer et al.，1998）。在鲍尔（Bauer）进行的一项大规模前瞻性研究（2001）中，戒断3个月期间EEG功率谱密度显示能够通过高频（19.5—39.8 Hz）β 活性的增强来区分那些复发患者与坚持戒断的患者（图6.3）。高 β 活性反映出警觉性增高，从前被认为与高度焦虑有关。此外，源定位密度分析将快 β 活性定位在额叶大脑的深前部区域，例如调节情绪的眶额皮层。还有一项ERP研究使用N200潜伏期来区分戒酒者与复发者，总体预测准确率为71%（Glenn et al.，1993）。另外也有研究使用P300振幅来区分可卡因成瘾者及其复发者（Bauer，1997）。

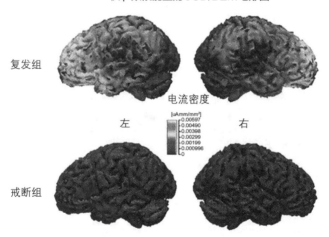

图6.3　快 β 频段能量可以作为3个月戒断期内多药物使用者复发的预测因子。BEM，边界元法；CSD，电流源密度。

（摘自 Bauer，2001. © 2001 Springer Nature, USA.；彩色版本请扫描附录二维码查看。）

对立机制的模型：药物的系统间反应

第3章介绍了基于对抗过程的成瘾模型（即非稳态模型），即吸毒后最初产生的是愉悦感（欣快感、缓解焦虑感），然后是负面的情绪体验或情感变化（如焦虑、抑郁和烦躁不安）。根据对抗过程理论，戒断症状是药物产生的急性正强化作用的对立过程。通过"系统间的神经适应"（图6.4）这种机制，在使用药物的情况下，压力仍能调节大脑中应激和厌恶系统，以恢复正常功能。具体来说，药物戒断会激活下丘脑—垂体—肾上腺（hypothalamic–pituitary–adrenal，HPA）轴（应激调节系统）和大脑应激/厌恶系统。HPA轴由下丘脑室旁核、垂体前叶和肾上腺这三个主要结构组成。这种相互作用导致急性戒断期间促肾上腺皮质激素、皮质酮和杏仁核促肾上腺皮质激素释放因子升高（Koob & Le Moal，

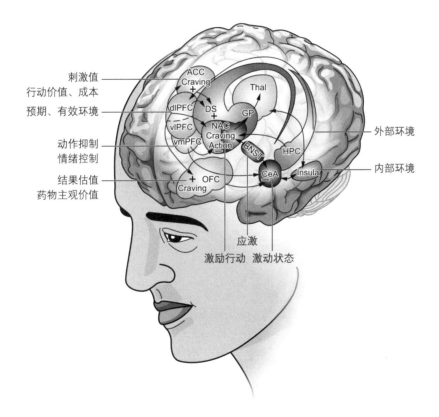

图6.4 戒断期间奖励系统和应激系统之间的神经适应。ACC：前扣带回皮层；BNST：终纹床核；CeA：杏仁中央核；DS：背侧纹状体；dlPFC：背外侧PFC；GP：苍白球；HPC：海马；NAC：伏隔核；OFC：眶额皮质；Thal：丘脑；vlPFC：腹侧PFC；vmPFC：腹内侧PFC。

（改编自George & Koob，2013.）

2008）。这一观点表明，大脑应激系统对体内稳态的变化反应迅速，但在这种适应或脱离的代偿过程中则反应较为缓慢（Koob & Le Moal，2008）。长期的适应化可能导致与成瘾戒断相关的病理学消极状态（Koob & Le Moal，2001），这就是所谓的"成瘾的阴暗面"。

支持这一观点的研究表明，通过脑室内或全身给药的促肾上腺皮质激素释放因子拮抗剂可以逆转可卡因、尼古丁和酒精戒断期间的类似焦虑症的反应（George et al.，2007；Koob & Le Moal，2008）。总之，戒断期间的负面情绪症状与中脑边缘多巴胺系统中多巴胺能活动的减少所反映的系统间变化以及传递应激和类似焦虑的神经递质系统的系统间募集有关。受戒断影响而产生的情绪失调与其他神经递质系统（包括去甲肾上腺素、P物质、血管加压素、神经肽Y、内源性大麻素和痛觉物质）也存在相关（Koob & Le Moal，2008）。

本章总结
- 急性戒断症状会在停用药物后数小时或数天内开始出现，而长期戒断症状可能会持续数月甚至数年。
- 在所有主流的滥用药物急性戒断期间，伏隔核中的多巴胺水平降低。
- 导致戒断症状的神经适应包括受体下调（或减少）。

回顾思考
- 哪些个体差异会导致戒断症状表现高度不一？
- 影响戒断症状产生时间点的主要决定因素是什么？
- 多巴胺减少是如何导致戒断症状的？
- 系统间的变化是如何促成戒断的？

拓展阅读
- De Biasi, M. & Dani, J. A. (2011). Reward, addiction, withdrawal to nicotine. *Annu Rev Neurosci,* 34, 105–130. doi:10.1146/annurev-neuro-061010-113734
- Filbey, F. M., Dunlop, J. & Myers, U. S. (2013). Neural effects of positive and negative incentives during marijuana withdrawal. *PLoS One,* 8(5), e61470. doi:10.1371/journal.pone.0061470
- George, O., Koob, G. F. & Vendruscolo, L. F. (2014). Negative reinforcement via motivational withdrawal is the driving force behind the transition to addiction. *Psychopharmacology (Berl),* 231(19), 3911–3917. doi:10.1007/s00213-014-3623-1
- Myers, K. M. & Carlezon, W. A., Jr. (2010). Extinction of drug- and withdrawal-paired cues

in animal models: relevance to the treatment of addiction. *Neurosci Biobehav Rev,* 35(2), 285–302. doi:10.1016/j. neubiorev.2010.01.011

- Negus, S. S. & Banks, M. L. (2018). Modulation of drug choice by extended drug access and withdrawal in rhesus monkeys: implications for negative reinforcement as a driver of addiction and target for medications development. *Pharmacol Biochem Behav,* 164, 32–39. doi:10.1016/j.pbb.2017.04.006

- Piper, M. E. (2015). Withdrawal: expanding a key addiction construct. *Nicotine Tob Res,* 17(12), 1405–1415. doi:10.1093/ntr/ntv048

聚焦 1　新生儿戒断

美国的阿片剂流行也影响了使用阿片剂的母亲腹中的胎儿。阿片类药物成瘾通常是由止痛的处方鸦片类药物引起的，如果不加以解决，可能会发展成海洛因成瘾。海洛因价格比处方鸦片类药物便宜，并且效果更持久，因此海洛因对于患有慢性疼痛的人（包括育龄妇女）具有吸引力。戒除海洛因十分艰难。在孕妇中，戒断症状会危害其腹中胎儿。但是对孕妇使用药物辅助疗法（即美沙酮、丁丙诺啡）又会受到谴责。

虽然导致这些妇女鸦片成瘾的情况各不相同，但对在子宫内接触药物的胎儿的影响是相同的。这些婴儿大多数都会早产并有戒断反应，这种情况被称为新生儿戒断综合征（neonatal abstinence syndrome，NAS）。NAS婴儿的戒断症状与成人相似，包括过度哭泣、呕吐、腹泻、肌肉抽搐和癫痫发作（图S6.1）。

图S6.1　从吸食鸦片的母亲腹中出生时，婴儿必须同时从鸦片中"断奶"。

（摘自 https://pixabay.com/en/baby-crying-cry-crying-baby-cute-2387661/.）

幸运的是，人们已经意识到了这个问题，并且已经为这些孕妇制订了救助方案。这些方案为孕妇提供了专门的临床医生，帮助并支持其进行药物辅助治疗，以便她们能够照顾婴儿并得到相关的教育。这就缩短了婴儿在新生儿重症监护室的滞留时间，例如得克萨斯州的NAS婴儿在新生儿重症监护室的滞留时间减少了33%（Cleveland et al., 2015）。

聚焦2　互联网分离焦虑

随着大多数人在电子设备上花费的时间越来越长，研究人员开始思考这些设备及其应用的使用是否涉及了成瘾过程（图S6.2）。里德（Reed）等人（2017）的一项研究招募了144位18—33岁的成年人，调查了他们停止使用互联网的行为症状，发现其与吸毒成瘾的戒断症状相似。他们发现，在互联网上花费大量时间的人在停止使用互联网后会心跳加快、血压升高。他们警告说，这些生理变化可能会导致焦虑以及荷尔蒙失调。只有时间能告诉我们过多使用电子设备对公众健康和社会的长期影响，但是政府已经感受到了制定政策的压力。例如，埃塞俄比亚政府最近关闭了整个国家的互联网，以支持学生参加国家考试，同时还可以防止国家考试的试题被泄露到网络上。

图S6.2　脸书（facebook）会上瘾吗？

（摘自 https://pixabay.com/en/facebook-social-media-addiction-2387089/）

参考文献

Bauer, L. O. (1997). Frontal P300 decrements, childhood conduct disorder, family history, and the prediction of relapse among abstinent cocaine abusers. *Drug Alcohol Depend,* 44(1), 1–10.

doi:10.1016/S0376-8716 (96)01311-7

(2001). Predicting relapse to alcohol and drug abuse via quantitative electroencephalography. *Neuropsychopharmacology,* 25(3), 332–340. doi:10.1016/S0893-133X(01)00236-6

Cleveland, L., Paradise, K., Borsuk, C., Coutois, B. & Ramirez, L. (2015). *The Mommies Toolkit: Improving Outcomes for Families Impacted by Neonatal Abstinence Syndrome.* Austin, TX: Texas Department of State Health Services. Available at: www.dshs.texas.gov/sa/NAS/Mommies_Toolkit.pdf

Dackis, C. A. & Gold, M. S. (1985). New concepts in cocaine addiction: the dopamine depletion hypothesis. *Neurosci Biobehav Rev,* 9(3), 469–477. doi:10.1016/0149-7634(85)90022-3

Domino, E. F. (2003). Effects of tobacco smoking on electroencephalographic, auditory evoked and event related potentials. *Brain Cogn,* 53(1), 66–74. doi:10.1016/S0278-2626(03)00204-5

Fehr, C., Yakushev, I., Hohmann, N., *et al.* (2008). Association of low striatal dopamine D_2 receptor availability with nicotine dependence similar to that seen with other drugs of abuse. *Am J Psychiatry,* 165(4), 507–514. doi:10.1176/appi.ajp.2007.07020352

George, O. & Koob, G. F. (2013). Control of craving by the prefrontal cortex. *Proc Natl Acad Sci USA,* 110(11), 4165–4166. doi:10.1073/pnas.1301245110

George, O., Ghozland, S., Azar, M. R., *et al.* (2007). CRF–CRF_1 system activation mediates withdrawal-induced increases in nicotine self-administration in nicotine-dependent rats. *Proc Natl Acad Sci USA,* 104(43), 17198–17203. doi:10.1073/pnas.0707585104

Glenn, S. W., Sinha, R. & Parsons, O. A. (1993). Electrophysiological indices predict resumption of drinking in sober alcoholics. *Alcohol,* 10(2), 89–95. doi:10.1016/0741-8329(93)90086-4

Gooding, D. C., Burroughs, S. & Boutros, N. N. (2008). Attentional deficits in cocaine-dependent patients: converging behavioral and electrophysiological evidence. *Psychiatry Res,* 160(2), 145–154. doi:10.1016/j.psychres.2007.11.019

Gritz, E. R., Shiffman, S. M., Jarvik, M. E., *et al.* (1975). Physiological and psychological effects of methadone in man. *Arch Gen Psychiatry,* 32(2), 237–242. doi:10.1001/archpsyc.1975.01760200101010

King, D. E., Herning, R. I., Gorelick, D. A. & Cadet, J. L. (2000). Gender differences in the EEG of abstinent cocaine abusers. *Neuropsychobiology,* 42(2), 93–98. doi:10.1159/000026678

Knott, V. J. & Venables, P. H. (1977). EEG alpha correlates of non-smokers, smokers, smoking, and smoking deprivation. *Psychophysiology,* 14(2), 150–156. doi:10.1111/j.1469-8986.1977.tb03367.x

Koob, G. F. & Le Moal, M. (2001). Drug addiction, dysregulation of reward, and allostasis. *Neuropsychopharmacology,* 24(2), 97–129. doi:10.1016/ S0893-133X(00)00195-0

(2008). Neurobiological mechanisms for opponent motivational processes in addiction. *Philos Trans R Soc Lond B Biol Sci,* 363(1507), 3113–3123. doi:10.1098/rstb.2008.0094

Littel, M. & Franken, I. H. (2007). The effects of prolonged abstinence on the processing of smoking cues: an ERP study among smokers, ex-smokers and never-smokers. *J Psychopharmacol,* 21(8), 873–882. doi:10.1177/0269881107078494

Martinotti, G., Nicola, M. D., Reina, D., et al. (2008). Alcohol protracted withdrawal syndrome: the role of anhedonia. *Subst Use Misuse,* 43(3–4), 271–284. doi:10.1080/10826080701202429

National Institute on Alcohol Abuse and Alcoholism (2006). *Alcohol Use and Alcohol Use Disorders in the United States: Main Findings From the 2001–2002 National Epidemiologic Survey on Alcohol and Related Conditions (NESARC).* Bethesda, MD: National Institute on Alcohol Abuse and Alcoholism, National Institutes of Health.

Orsini, C., Koob, G. F. & Pulvirenti, L. (2001). Dopamine partial agonist reverses amphetamine withdrawal in rats. *Neuropsychopharmacology,* 25(5), 789–792. doi:10.1016/S0893-133X(01)00270-6

Papageorgiou, C. C., Liappas, I. A., Ventouras, E. M., et al. (2004). Long- term abstinence syndrome in heroin addicts: indices of P300 alterations associated with a short memory task. Prog *Neuropsychopharmacol Biol Psychiatry,* 28(7), 1109–1115. doi:10.1016/j.pnpbp.2004.05.049

Porjesz, B., Begleiter, H., Bihari, B. & Kissin, B. (1987). Event-related brain potentials to high incentive stimuli in abstinent alcoholics. *Alcohol,* 4(4), 283–287. doi:10.1016/0741-8329(87)90024-3

Reed, P., Romano, M., Re, F., et al. (2017). Differential physiological changes following internet exposure in higher and lower problematic internet users. *PLoS One,* 12(5), e0178480. doi:10.1371/journal. pone.0178480

Roemer, R. A., Cornwell, A., Dewart, D., Jackson, P. & Ercegovac, D. V. (1995). Quantitative electroencephalographic analyses in cocaine-preferring polysubstance abusers during abstinence. *Psychiatry Res,* 58(3), 247–257. doi:10.1016/0165-1781(95)02474-B

Shufman, E., Perl, E., Cohen, M., et al. (1996). Electro-encephalography spectral analysis of heroin addicts compared with abstainers and normal controls. *Isr J Psychiatry Relat Sci,* 33(3), 196–206.

Sinha, R. & Li, C. S. (2007). Imaging stress-and cue-induced drug and alcohol craving: association with relapse and clinical implications. *Drug Alcohol Rev,* 26(1), 25–31. doi:10.1080/09595230601036960

Surwillo, W. W. (1963). The relation of simple response time to brain-wave frequency and the effects of age. *Electroencephalogr Clin Neurophysiol,* 15, 105–114. doi:10.1016/0013-4694(63)90043-9

Tanabe, J., Crowley, T., Hutchison, K., *et al.* (2008). Ventral striatal blood flow is altered by acute nicotine but not withdrawal from nicotine. *Neuropsychopharmacology,* 33(3), 627–633. doi:10.1038/sj. npp.1301428

Volkow, N. D., Mullani, N., Gould, K. L., Adler, S. & Krajewski, K. (1988). Cerebral blood flow in chronic cocaine users: a study with positron emission tomography. *Br J Psychiatry,* 152(5), 641–648. doi:10.1192/ bjp.152.5.641

Volkow, N. D., Fowler, J. S., Wolf, A. P., *et al.* (1991). Changes in brain glucose metabolism in cocaine dependence and withdrawal. *Am J Psychiatry,* 148(5), 621–626. doi:10.1176/ajp.148.5.621

Volkow, N. D., Fowler, J. S., Wang, G. J., *et al.* (1993). Decreased dopamine D2 receptor availability is associated with reduced frontal metabolism in cocaine abusers. *Synapse,* 14(2), 169–177. doi:10.1002/syn.890140210

Volkow, N. D., Wang, G. J., Fowler, J. S., *et al.* (1996). Decreases in dopamine receptors but not in dopamine transporters in alcoholics. *Alcohol Clin Exp Res,* 20(9), 1594–1598. doi:10.1111/j.1530-0277.1996. tb05936.x

et al. (1998). Enhanced sensitivity to benzodiazepines in active cocaine- abusing subjects: a PET study. *Am J Psychiatry,* 155(2), 200–206. doi:10.1176/ajp.155.2.200

Volkow, N. D., Chang, L., Wang, G. J., *et al.* (2001). Low level of brain dopamine D_2 receptors in methamphetamine abusers: association with metabolism in the orbitofrontal cortex. *Am J Psychiatry,* 158(12), 2015–2021. doi:10.1176/appi.ajp.158.12.2015

Winterer, G., Kloppel, B., Heinz, A., *et al.* (1998). Quantitative EEG (QEEG) predicts relapse in patients with chronic alcoholism and points to a frontally pronounced cerebral disturbance. *Psychiatry Res,* 78(1–2), 101–113. doi:10.1016/S0165-1781(97)00148-0

Zubieta, J. K., Gorelick, D. A., Stauffer, R., *et al.* (1996). Increased mu opioid receptor binding detected by PET in cocaine-dependent men is associated with cocaine craving. *Nat Med,* 2(11), 1225–1229. doi:10.1007/s00213-008-1225-5.

第 7 章
渴求

学习目标

- 能够理解渴求的概念。
- 能够描述研究线索诱发渴求的神经成像学方法。
- 能够解释药物"劫持"大脑的含义。
- 能够讨论证明渴求和注意力是独立过程的研究。
- 能够总结△FosB在渴求中的作用。

引言

渴求通常被定义为一种强烈的使用酒精或成瘾性药品（包括毒品）的主观愿望。历史上，关于渴求的概念和测量一直存在争议（相关综述见Tiffany & Conklin，2000; Tiffany et al.，2000）。渴求可以通过临床的生理表现或心理体验来测量。因此，渴求可以被看作一种涉及主观、行为或生理反应的多维结构。

20世纪80年代的一项研究通过结合线索反应方法（cue-reactivity approach）进一步推进了对渴求的研究。在线索反应过程中，个体暴露于毒品线索（如看到毒品用具或闻到酒精气味），这些线索与自我测评的渴求程度有关。基于线索反应，渴求的测量建立在巴甫洛夫条件反射（Pavlovian conditioning）等学习理论的基础上。线索反应研究同样强调了实验控制在提高渴求测量的信度和效度上的重要性（Drummond，2000; Niaura et al.，1988）。但这种方法因其不能提前预测吸毒行为的主观性而遭到批判（Tiffany et al.，2000）。而对实验室环境中进行主观测量的生态效度的关注，也使该方法的准确性、可靠性和有效性受到了质疑。同时，将线索诱发的渴求转化为动物模型的经典方法也存在挑战。例如，因为在动物身上很难识别主观渴求，所以渴求的多维结构不太可能从动物模型直接转化到人类。

正如第 4 章所提到的，动物相关文献的研究结果表明，使用药物的动机与药物对大脑中脑皮层边缘通路的作用相关，这种联系是酒精和其他药物滥用动机的神经基质（Berridge & Robinson, 1998; Robinson & Berridge, 1993; Wise, 1988）。近期，科学家已经开始使用神经成像学方法来研究人类渴求的神经生物学机制。使用更客观的神经成像学技术减轻了对主观反应的举证负担，从而弥补了行为学研究中准确性和有效性的一些局限。同时，神经成像学方法的应用关注于神经生物学，使得动物模型和人类模型具有更高的一致性。

本章将重点介绍不同的技术，这些技术证明了线索诱发了对不同药物的渴求，并导致渴求成为诊断 SUD 的主要症状。

线索诱发的渴求范式及其相关神经机制

线索诱发的渴求范式需要将个体暴露于与物质相关的线索，并将该事件与对渴求的主观测量联系起来。这包括了各种感官呈现模式，例如视觉、嗅觉、听觉和触觉。最早的研究之一是使用乙醇气味来诱发酗酒者的主观渴求（Schneider et al., 2001）。fMRI 结果显示，酗酒者在闻乙醇时，小脑和杏仁核神经反应的增加与对酒精的主观渴求呈正相关。

视觉线索是应用最广泛的一种渴求范式，其形式可以是线索图像的视觉呈现，比如毒品用具。例如，瑞思（Wrase）等人的一项研究（2002）显示，与抽象的对照图像相比，视觉酒精刺激下被试的梭状回、基底神经节和眶额回显著被激活。视觉线索的形式也可以是视频（Wrase et al., 2002）。例如，在一项使用 PET 的研究中，研究人员将可卡因吸食者暴露在一段时长 10 分钟、内容为正在吸食可卡因的视频和一段时长 45 分钟、内容为吸食可卡因带来的愉悦体验（来自对可卡因滥用者的真实采访）的音频中（Wong et al., 2006）。这项研究的结果发现，被描述为线索诱发渴求的被试的壳核中放射性示踪剂 [^{11}C] 雷氯必利（一种衡量类似 D_2 受体占用情况的指标）的位移比未被描述为线索诱发渴求的参与者的多。此外，自我测评的渴求强度与多巴胺受体占用率的增加呈正相关，这表明在壳核中突触内多巴胺释放增加。这些结果为在渴求的主观体验过程中，多巴胺在背侧纹状体中的作用提供了支持。

为了解决生态效度的问题，一些线索诱发的渴求范式也使用了多种模式的组合来模拟现实世界的情景。例如，同时呈现味觉（小饮一口酒精）和视觉（酒精刺激图片）线索的研究表明，酒精线索增加了 PFC（George et al., 2001）和边缘区域（Myrick et al., 2004）的激活。富兰克林（Franklin）等人的一项研究（2007）在动脉自旋标记过程中使用了一种触觉线索（香烟）与吸烟线索相关的视频相结合的方法。他们发现与中性线索相比，在渴求线索下，参与者在杏仁核、腹侧纹状体、海马体、岛叶、眶额皮层和丘脑中激活程度更高

(Franklin et al.，2007）。费尔贝等人使用fMRI的研究（2016）同时呈现了大麻的触觉和视觉线索（大麻用具）（图7.1）。该研究还发现，额纹状体颞区对大麻的神经反应与主观渴求、大麻相关问题、戒断症状和THC代谢物水平之间存在大脑行为的正相关（簇阈值$z=2.3$，$P<0.05$）。

库恩（Kuhn）和加里纳特（Gallinat）对线索反应的神经成像学研究（2011）结果进行了定量荟萃分析。他们进行了激活概率估计分析，以确定尼古丁、酒精和可卡因成瘾者由线索诱导的渴求范式在大脑机制中的重叠。他们的研究结果发现，腹侧纹状体对药物线索反应程度一致，前扣带回和杏仁核对药物的反应程度较低。因此，这些区域可能反映了药物渴求的核心回路。重要的是，这些大脑反应与渴求的主观体验有关。此外，它们还与成瘾的严重程度相关，例如这些区域对线索的反应越大，与成瘾相关的症状就越严重。例如，在酒精成瘾者中，迈里克（Myrick）等人报告（2004）表明，与非酒精依赖者相比，酒精依赖者在啜饮一口酒精并暴露于视觉酒精线索后，在PFC和前边缘区表现出更大的BOLD反应。同样，根据大麻问题测量表（Marijuana Problem Scale，MPS）的测量，大麻成瘾者的激活模式与毒品相关的问题呈显著正相关（Filbey et al.，2009）。

渴求的神经生理学基础

EEG也被用来研究成瘾中线索诱发的渴求。例如，在可卡因成瘾者中，研究发现可卡因相关线索的反应有很高的β频率功谱（Liu et al.，1998；Reid et al.，2003）。这些β状态

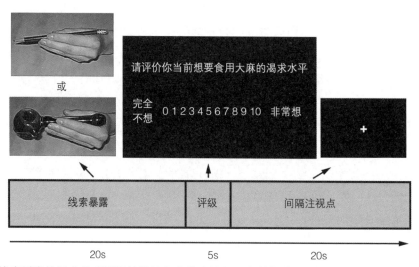

图7.1 线索诱发的渴求范式利用触觉的大麻线索用具、中性物体（铅笔）和非毒品性的食物奖励线索（水果，未显示）。

（摘自Filbey et al.，2016.）

是与正常清醒意识相关的状态。这些β功率的增加也与更强烈的主观渴求有关（Herning et al., 1997）。据报道，β功率在尼古丁成瘾者对香烟有关线索的反应中也有类似的增加（Knott et al., 2008a, 2008b）。ERP研究同样报告了对药物线索的更高皮层激活，例如在酒精（Herrmann et al., 2000）和尼古丁（Warren & McDonough, 1999）成瘾者中对毒品线索的反应中均报告了P300振幅的增加。P300是发生在刺激开始后250至500毫秒之间的正电压偏转，与对刺激的注意力（如注意定向）有关。有报告称，在对酒精（Heinze et al., 2007; Herrmann et al., 2001; Namkoong et al., 2004）、可卡因（Dunning et al., 2011; Franken et al., 2003; van de Laar et al., 2004）和海洛因（Franken et al., 2003）成瘾个体中，与中性图片相比，对与毒品有关的图片作出反应时，也出现了晚期正电位（late positive potential，LPP）振幅的增加。LPPs的潜伏期（刺激和反应之间的延迟）在刺激开始后400—500毫秒，并可用于增强对情绪刺激的注意力。综上所述，对线索诱发的成瘾渴求的EEG研究表明，在药物线索诱导期间，更大的皮层刺激（β、P300和LPP振幅增加）与更强烈的主观渴求有关。

情境线索

除了上述的药物线索，与药物使用相关的环境或情境线索也会诱发渴求。对情境线索作出反应的大脑机制似乎涉及一个更分散的神经网络，该网络由对药物线索作出反应的内隐渴求诱发激活。这个网络包括促进在环境线索和渴求联系的情感和认知记忆方面的脑区。利用情境线索唤起个体经历的范式，要求被试想象自己在一个自己使用可卡因的情境中。此外，也需要被试的一些中性的经历，例如要求被试想象自己在进行艺术创作的经历。具体来说，这些经历包括对活动的情绪和感觉的生动描述。在其中一项研究中，邦森（Bonson）等人（2002）称，"唤起经历"描述了个体使用毒品的情境，将其与可卡因相关的视频和用具相结合，激活了参与者外侧杏仁核，而外侧杏仁核是情绪调节的重要区域。这些发现证实了前人的研究报告，即可卡因线索涉及对大脑边缘系统中处理情绪和记忆的重要区域（Childress et al., 1999）。综上所述，由线索诱发的可卡因研究表明，边缘皮层的激活是线索诱发渴求的一个组成部分。

药物会劫持大脑的奖赏回路吗？

如上所述，有文献表明主观渴求与大脑在奖赏回路中的反应有关（见第4章）。接下来的问题是，大脑对药物线索的反应增加是由于对显著刺激的普遍超敏反应（如奖赏缺乏综合征所示），还是毒品和酒精线索所特有的？线索诱发渴求的早期范式将药物线索和中性线索进行比较。例如，关于酒精渴求的早期研究将酒精味与中性味（如水或人工唾液）进行了比较。但大脑对酒精味和中性味的不同反应是由特定的酒精渴求过程驱动的，还是由酒精味（相对于水或人工唾液）的食欲渴求驱动的，目前还不清楚。

  费尔贝等人（2008）随后的研究综合考虑了诱发相同食欲渴求的控制线索来解决这个问题。例如，一项研究向重度饮酒的成年人提供少量的酒精，并比较了大脑对于甜而陌生的味道（如荔枝汁）的反应（Filbey et al., 2008）。结果表明，酒精饮料的味道是一种非常强大的线索，在纹状体、VTA 和 PFC 产生显著的 BOLD 反应，其影响远大于食欲渴求和新线索产生的影响。其他研究也报道了在自然奖赏的类似途径中的药物激活中有类似的发现。例如，坎德雷斯（Childress）等人（2008）比较了男性可卡因患者的可卡因线索和性线索（除了中性和厌恶线索外），相对于性线索，可卡因线索下的腹侧苍白球/杏仁核的活动增加（图 7.2）。这些发现表明，可卡因导致了编码激活唤起性刺激的原始脑回路更加活跃。类似的方法也适用于大麻的触觉和视觉线索与中性线索和食欲渴求非毒品致瘾线索相比较的情况（图 7.1）（Filbey et al., 2016）。在食欲渴求方面，研究人员给被试提供了他们喜欢的水果。研究发现，相对于不吸食大麻的人，长期每天吸食大麻者的眶额皮层、纹状体、前扣带回

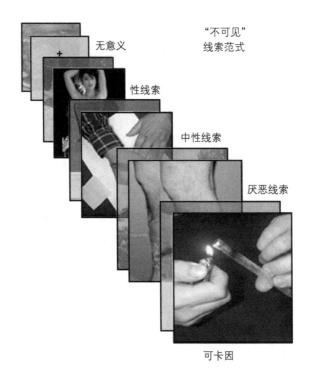

图 7.2　线索诱发渴求范式。坎德雷斯等人（2008）的一项研究发现，受试者对可卡因线索比对性线索（包括厌恶线索和中性线索）的反应更大。

和VTA会产生更大的激活反应。这些发现表明，长期吸食大麻者的大脑对大麻线索的反应具有过度反应和特异性，且这些反应高于对自然奖赏线索的反应。这些观察结果与激励敏化模型一致，表明在药物使用后，中脑皮层边缘区的易感化和对自然奖赏加工的扰乱。

根据达格利什（Daglish）及其同事们的研究，除了奖赏加工之外，其他涉及药物渴求的大脑网络，与情感、注意力和记忆等各种认知过程的网络是相同的（Daglish & Nutt, 2003; Daglish et al., 2003）。然而，在成瘾的情况下，这些网络变得对药物相关的线索高度敏感。换句话说，大脑被药物"劫持"了，这与激励敏化模型一致（见第3章）。这一观点源于一些发现，即药物使用者和非药物使用者之间的差异不在于这些认知网络是否参与其中，而在于其在药物使用者中的参与程度，例如赛尔（Sell）等人研究（2000）中的海洛因成瘾者。正如前一节提到的，研究表明，主观渴求与奖赏通路（眼窝前额皮层和纹状体）、记忆相关的区域（海马体、PFC）、情感（杏仁核）和注意力（前扣带回、PFC）的激活增加密切相关。而这些区域之间的功能性连接已经被证明反映了药物线索比非药物线索更容易激活注意和记忆相关的大脑回路。

更高的渴求还是更多的注意？

达格利什等人（2003）提出的观点认为，药物线索比非药物线索更能激活注意力和记忆回路，这强调了渴求可能仅仅是一种注意。坎德雷斯等人（2008）和杨（Young）等人（2014）进行了一项掩蔽线索的研究，表明渴求是隐性的概念，即渴求发生在潜意识中，只是偶尔会侵入意识层面（Tiffany & Wray, 2012）。这项研究使用了可卡因、性、厌恶和中性线索的反向掩蔽图像，向被试迅速呈现（即33毫秒）（图7.3）。为了研究注意前的加工过程，实验设计了反向掩蔽刺激（即在另一个短暂的目标刺激之后立即出现一个被掩蔽的刺激），这往往会导致人们无法感知被掩蔽的刺激。这些研究发现了在掩蔽条件或潜意识地接触药物线索和性线索时，大脑边缘皮层的参与和对可见形式的相同线索产生的积极情绪有关。

神经分子学机制

渴求发生在药物使用后的观点认为服用药物后产生了神经适应。药物使用引起的细胞变化之一是通过增加伏隔核和PFC的树突棘密度而增加树突结构。内斯特勒（Nestler）和他的同事认为这些树突的改变是由FBJ鼠骨肉瘤病毒癌基因同源物B（FBJ murine osteosarcoma viral oncogene homolog B，FosB）转化为△FosB介导的（图7.4）（Nestler, 2001; Nestler et

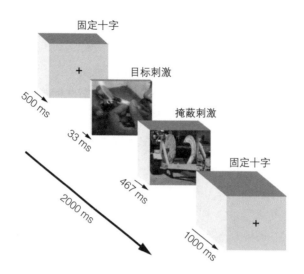

图7.3 反向掩蔽线索任务的代表性试验。在每个试验中,被试都连续地接受以下视觉刺激:固定十字(500毫秒)、目标刺激(33毫秒)、掩蔽刺激(467毫秒)、固定十字(1000毫秒)。目标刺激图像为以下四个类别之一:可卡因(如图所示)、中性线索、性线索和厌恶线索。

(摘自 Young et al., 2014. © Society for Neuroscience, USA.)

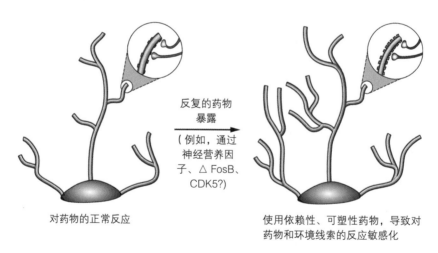

图7.4 滥用药物对树突结构的调节。长期暴露于滥用药物后,通过△FosB介导和随后的CDK5诱导下,在伏隔核和PFC中发生的树突树以及树突棘密度的增加。

(摘自 Nestler et al., 2001. © 2001 Springer Nature, USA.)

al., 2001）。FosB是大脑中的转录因子，与其他分子一起参与信号转导，在细胞间传递遗传信息，并决定某些基因的激活。这种转变是由药物暴露后多巴胺的增加而引起的，且多巴胺会随着持续的药物暴露（即长期使用）而增加。在转导过程中，△FosB使强啡肽基因（编码强啡肽，属于内源性阿片类药物）变得不活跃，并激活了周期蛋白依赖性激酶5基因（cyclin-dependent kinase 5 gene，CDK5），该基因编码细胞分裂蛋白CDK5，这是一种参与神经元成熟和迁移的蛋白。CDK5蛋白刺激伏隔核的树突棘生长，增强了渴求和药物敏感性。△FosB影响大脑中有关记忆形成的区域的生长因子和结构变化（神经元可塑性）。这些机制与一些学习模型（如长期增强）相似，这表明△FosB可能介导线索诱发渴求。△FosB具有稳定性，因此在停药后很长一段时间内，它仍能启动并维持这些基因表达的变化。转基因小鼠研究表明，过表达△FosB的动物对药物作用的敏感性增加。因此，△FosB被认为是一种"分子开关"，它将药物的急性反应转化为长期反应，例如渴求。见本章"聚焦"板块中关于尸检△FosB如何表明生理渴求的持久性的内容。

本章总结

- 通过神经成像学技术，渴求的概念得到了发展。
- 神经成像学研究表明，在包括奖赏、注意力、情绪和记忆系统在内的广泛大脑神经网络中，大脑对药物刺激产生了加强的反应。
- 大脑对药物线索的反应模式大于对自然奖赏的反应模式，并且与主观渴求和成瘾严重程度相关。
- EEG研究显示，大脑对药物线索的反应增强。
- 反向掩蔽为药物线索存在于潜意识提供了证据。
- △FosB介导了药物暴露后发生的神经变化，包括渴求。

回顾思考

- 渴求概念形成的过程经受了哪些批评？
- 在对药物线索的反应中，有哪些广泛的神经系统整合成渴求的基础？
- 在线索诱发渴求的研究中，EEG研究的主要发现是什么？
- 描述反向掩蔽的过程。这种方法解答了有关药物渴求方面的哪些问题？
- △FosB是如何成为成瘾的标识物的？

拓展阅读

- Ekhtiari, H., Nasseri, P., Yavari, F., Mokri, A. & Monterosso, J. (2016). Neuro-science of

- drug craving for addiction medicine: from circuits to therapies. *Prog Brain Res,* 223, 115–141. doi:10.1016/bs.pbr.2015.10.002
- Filbey, F. M. & DeWitt, S. J. (2012). Cannabis cue-elicited craving and the reward neurocircuitry. *Prog Neuropsychopharmacol Biol Psychiatry,* 38(1), 30–35. doi:10.1016/j.pnpbp.2011.11.001
- Filbey, F. M., Schacht, J. P., Myers, U. S., Chavez, R. S. & Hutchison, K. E. (2009). Marijuana craving in the brain. *Proc Natl Acad Sci USA,* 106(31), 13016–13021. doi:10.1073/pnas.0903863106
- Grant, S., London, E. D., Newlin, D. B., et al. (1996). Activation of memory circuits during cue-elicited cocaine craving. *Proc Natl Acad Sci USA,* 93(21), 12040–12045.
- Gu, X. & Filbey, F. (2017). A Bayesian observer model of drug craving. *JAMA Psychiatry,* 74(4), 419–420. doi:10.1001/jamapsychiatry.2016.3823
- Myrick, H., Anton, R. F., Li, X., et al. (2004). Differential brain activity in alcoholics and social drinkers to alcohol cues: relationship to craving. *Neuropsychopharmacology,* 29(2), 393–402. doi:10.1038/sj.npp.1300295
- Robinson, T. E. & Berridge, K. C. (1993). The neural basis of drug craving: an incentive-sensitization theory of addiction. *Brain Res Brain Res Rev,* 18(3), 247–291.
- Tiffany, S. T., Carter, B. L. & Singleton, E. G. (2000). Challenges in the manipulation, assessment and interpretation of craving relevant variables. *Addiction,* 95, Suppl.2, S177–S187.
- Tiffany, S. T. & Wray, J. M. (2012). The clinical significance of drug craving. *Ann N Y Acad Sci,* 1248, 1–17. doi:10.1111/j.1749-6632.2011.06298.x

聚焦 对药物的渴求在死者中仍存在

药物使用后数周出现突变的△FosB蛋白表明，即使在停药后，渴求也会持续数周。2016年，由奥地利维也纳医科大学的莫妮卡·塞尔滕哈默（Monika Seltenhammer）领导的一组科学家发表了他们的研究结果，证实了对药物的渴求在死者中仍然存在（Seltenhammer et al., 2016）。在这项研究中，他们检查了已死亡的15名海洛因成瘾者和15名非吸毒者的伏隔核组织样本。他们测量了△FosB的水平，发现在死亡9天后仍可在他们身上检测到蛋白质的积累。科学家将这种效应称为"依赖记忆"。根据这一发现，科学家推断△FosB在活体中存在的时间更久，可能长达数月。这支持了现有的动物研究结果，即暴露于药物的动物相对于未暴露于药物的动物的蛋白质存在差异，尽管这种差异在死后的人脑组织中存在的时间要长得多。

这一发现的重要性在于提供了生理性渴求的证据，可以作为成瘾严重性程度的标记，而不依赖于毒理学。此外，该研究强调了尸检研究在揭示成瘾治疗的潜在机制和靶点方面的重要性（图S7.1）。科学家认为，人可以预防△FosB的激活，未来的研究需要确定如何通过将△FosB作为靶点来靶向治疗成瘾行为。

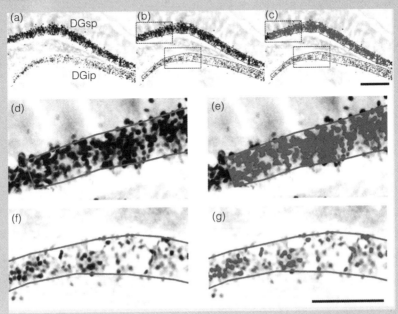

图S7.1 测量△FosB。原始FosB/△FosB免疫反应的图像阈值分析（a）包括选择感兴趣区域（b），以及阈值（b）和放大（d—g）。DGip：齿状回的锥体下叶片；DGsp：齿状回的锥体上叶片。

（摘自Nishijima et al., 2013; 彩色版本请扫描附录二维码查看。）

参考文献

Bonson, K. R., Grant, S. J., Contoreggi, C. S., *et al.* (2002). Neural systems and cue-induced cocaine craving. *Neuropsychopharmacology,* 26(3), 376–386. doi:10.1016/S0893-133X(01)00371-2

Berridge, K. C. & Robinson, T. E. (1998). What is the role of dopamine in reward: hedonic impact, reward learning, or incentive salience? *Brain Res Brain Res Rev,* 28(3), 309–369.

Childress, A. R., Mozley, P. D., McElgin, W., *et al.* (1999). Limbic activation during cue-induced cocaine craving. *Am J Psychiatry,* 156(1), 11–18. doi:10.1176/ajp.156.1.11

Childress, A. R., Ehrman, R. N., Wang, Z., et al. (2008). Prelude to passion: limbic activation by "unseen" drug and sexual cues. *PLoS One,* 3(1), e1506. doi:10.1371/journal.pone.0001506

Daglish, M. R. & Nutt, D. J. (2003). Brain imaging studies in human addicts. *Eur Neuropsychopharmacol,* 13(6), 453–458. doi:10.1016/j. euroneuro.2003.08.006

Daglish, M. R., Weinstein, A., Malizia, A. L., et al. (2003). Functional connectivity analysis of the neural circuits of opiate craving: "more" rather than "different"? *Neuroimage,* 20(4), 1964–1970. doi:10.1016/j. neuroimage.2003.07.025

Drummond, D. C. (2000). What does cue-reactivity have to offer clinical research? *Addiction,* 95 Suppl 2, S129–144. doi:10.1080/ 09652140050111708

Dunning, J. P., Parvaz, M. A., Hajcak, G., et al. (2011). Motivated attention to cocaine and emotional cues in abstinent and current cocaine users – an ERP study. *Eur J Neurosci,* 33(9), 1716–1723. doi:10.1111/j.1460- 9568.2011.07663.x

Filbey, F. M., Claus, E., Audette, A. R., et al. (2008). Exposure to the taste of alcohol elicits activation of the mesocorticolimbic neurocircuitry. *Neuropsychopharmacology,* 33(6), 1391–1401. doi:10.1038/sj. npp.1301513

Filbey, F. M., Schacht, J. P., Myers, U. S., Chavez, R. S. & Hutchison, K. E. (2009). Marijuana craving in the brain. *Proc Natl Acad Sci USA,* 106(31), 13016–13021. doi:10.1073/pnas.0903863106

Filbey, F. M., Dunlop, J., Ketcherside, A., et al. (2016). fMRI study of neural sensitization to hedonic stimuli in long-term, daily cannabis users. *Hum Brain Mapp,* 37(10), 3431–3443. doi:10.1002/hbm.23250

Franken, I. H., Stam, C. J., Hendriks, V. M. & van den Brink, W. (2003). Neurophysiological evidence for abnormal cognitive processing of drug cues in heroin dependence. *Psychopharmacology (Berl),* 170(2), 205–212. doi:10.1007/s00213-003-1542-7

Franklin, T. R., Wang, Z., Wang, J., et al. (2007). Limbic activation to cigarette smoking cues independent of nicotine withdrawal: a perfusion fMRI study. *Neuropsychopharmacology,* 32(11), 2301–2309. doi:10.1038/sj.npp.1301371

George, M. S., Anton, R. F., Bloomer, C., et al. (2001). Activation of prefrontal cortex and anterior thalamus in alcoholic subjects on exposure to alcohol-specific cues. *Arch Gen Psychiatry,* 58(4), 345–352. doi:10.1001/archpsyc.58.4.345

Heinze, M., Wolfling, K. & Grusser, S. M. (2007). Cue-induced auditory evoked potentials in alcoholism. *Clin Neurophysiol,* 118(4), 856–862. doi:10.1016/j.clinph.2006.12.003

Herning, R. I., Guo, X., Better, W. E., et al. (1997). Neurophysiological signs of cocaine dependence: increased electroencephalogram beta during withdrawal. *Biol Psychiatry,* 41(11), 1087–1094. doi:10.1016/S0006-3223(96)00258-2

Herrmann, M. J., Weijers, H. G., Wiesbeck, G. A., et al. (2000). Event-related potentials and cue-reactivity in alcoholism. *Alcohol Clin Exp Res,* 24(11), 1724–1729. doi:10.1016/j.clinph.2006.12.003

Herrmann, M. J., Weijers, H. G., Wiesbeck, G. A., Boning, J. & Fallgatter, A. J. (2001). Alcohol cue-reactivity in heavy and light social drinkers as revealed by event-related potentials. *Alcohol Alcohol,* 36(6), 588–593. doi:10.1093/alcalc/36.6.588

Knott, V., Cosgrove, M., Villeneuve, C., et al. (2008a). EEG correlates of imagery-induced cigarette craving in male and female smokers. *Addict Behav,* 33(4), 616–621. doi:10.1016/j.addbeh.2007.11.006

Knott, V. J., Naccache, L., Cyr, E., et al. (2008b). Craving-induced EEG reactivity in smokers: effects of mood induction, nicotine dependence and gender. *Neuropsychobiology,* 58(3–4), 187–199. doi:10.1159/000201716

Kuhn, S. & Gallinat, J. (2011). Common biology of craving across legal and illegal drugs – a quantitative meta-analysis of cue-reactivity brain response. *Eur J Neurosci,* 33(7), 1318–1326. doi:10.1111/j.1460- 9568.2010.07590.x

Liu, X., Vaupel, D. B., Grant, S. & London, E. D. (1998). Effect of cocaine-related environmental stimuli on the spontaneous electroencephalogram in polydrug abusers. *Neuropsychopharmacology,* 19(1), 10–17. doi:10.1016/S0893-133X(97)00192-9

Myrick, H., Anton, R. F., Li, X., et al. (2004). Differential brain activity in alcoholics and social drinkers to alcohol cues: relationship to craving. *Neuropsychopharmacology,* 29(2), 393–402. doi:10.1038/sj. npp.1300295

Namkoong, K., Lee, E., Lee, C. H., Lee, B. O. & An, S. K. (2004). Increased P3 amplitudes induced by alcohol-related pictures in patients with alcohol dependence. *Alcohol Clin Exp Res,* 28(9), 1317–1323. doi:10.1097/01.ALC.0000139828.78099.69

Nestler, E. J. (2001). Molecular basis of long-term plasticity underlying addiction. *Nat Rev Neurosci,* 2(2), 119–128. doi:10.1038/35053570

Nestler, E. J., Barrot, M. & Self, D. W. (2001). ΔFosB: a sustained molecular switch for addiction. *Proc Natl Acad Sci USA,* 98(20), 11042–11046. doi:10.1073/pnas.191352698

Niaura, R. S., Rohsenow, D. J., Binkoff, J. A., et al. (1988). Relevance of cue reactivity to understanding alcohol and smoking relapse. *J Abnorm Psychol,* 97(2), 133–152. doi:10.1037/0021-843X.97.2.133

Nishijima, T., Kawakami, M. & Kita, I. (2013). Long-term exercise is a potent trigger for ΔFosB induction in the hippocampus along the dorso-ventral axis. *PLoS One* 8(11): e81245. doi:10.1371/journal. pone.0081245

Reid, M. S., Prichep, L. S., Ciplet, D., et al. (2003). Quantitative electroencephalographic studies of cue-induced cocaine craving. *Clin Electroencephalogr,* 34(3), 110–123. doi:10.1177/155005940303400305

Robinson, T. E. & Berridge, K. C. (1993). The neural basis of drug craving: an incentive-sensitization theory of addiction. *Brain Res Brain Res Rev,* 18(3), 247–291.

Schneider, F., Habel, U., Wagner, M., et al. (2001). Subcortical correlates of craving in recently abstinent alcoholic patients. *Am J Psychiatry,* 158(7), 1075–1083. doi:10.1176/appi.ajp.158.7.1075

Sell, L. A., Morris, J. S., Bearn, J., et al. (2000). Neural responses associated with cue evoked emotional states and heroin in opiate addicts. *Drug Alcohol Depend,* 60(2), 207–216. doi:S0376-8716(99)00158-1

Seltenhammer, M. H., Resch, U., Stichenwirth, M., Seigner, J. & Reisinger, C. M. (2016). Accumulation of highly stable ΔFosB-isoforms and its targets inside the reward system of chronic drug abusers - a source of dependence-memory and high relapse rate? *J Addict Res Ther,* 7(5) 297. doi:10.4172/2155-6105.1000297

Tiffany, S. T. & Conklin, C. A. (2000). A cognitive processing model of alcohol craving and compulsive alcohol use. *Addiction,* 95 Suppl 2, S145–153.

Tiffany, S. T. & Wray, J. M. (2012). The clinical significance of drug craving. *Ann NY Acad Sci,* 1248(1), 1–17. doi:10.1111/j.1749-6632.2011.06298.x

Tiffany, S. T., Carter, B. L. & Singleton, E. G. (2000). Challenges in the manipulation, assessment and interpretation of craving relevant variables. *Addiction,* 95 Suppl. 2, S177–S187.

van de Laar, M. C., Licht, R., Franken, I. H. & Hendriks, V. M. (2004). Event-related potentials indicate motivational relevance of cocaine cues in abstinent cocaine addicts. *Psychopharmacology (Berl),* 177(1–2), 121–129. doi:10.1007/s00213-004-1928-1

Warren, C. A. & McDonough, B. E. (1999). Event-related brain potentials as indicators of smoking cue-reactivity. *Clin Neurophysiol,* 110(9), 1570–1584.

Wise, R. A. (1988). The neurobiology of craving: implications for the understanding and treatment of addiction. *J Abnorm Psychol,* 97(2), 118–132.

Wong, D. F., Kuwabara, H., Schretlen, D. J., *et al.* (2006). Increased occupancy of dopamine receptors in human striatum during cue-elicited cocaine craving. *Neuropsychopharmacology,* 31(12), 2716–2727. doi:10.1038/sj.npp.1301194

Wrase, J., Grusser, S. M., Klein, S., *et al.* (2002). Development of alcohol-associated cues and cue-induced brain activation in alcoholics. *Eur Psychiatry,* 17(5), 287–291. doi:10.1016/S0924-9338(02)00676-4

Young, K. A., Franklin, T. R., Roberts, D. C., *et al.* (2014). Nipping cue reactivity in the bud: baclofen prevents limbic activation elicited by subliminal drug cues. *J Neurosci,* 34(14), 5038–5043. doi:10.1523/ JNEUROSCI.4977-13.2014

第 8 章

冲动性

学习目标

- 能够解释将冲动性定义为单一结构所面临的挑战。
- 能够描述有关冲动性与成瘾之间因果关系的文献。
- 能够讨论风险决策的概念。
- 理解抑制控制和延迟折扣。
- 能够概括与冲动相关的脑网络和神经递质机制。

引言

冲动性是一个多方面的概念，它包含由于个人对自身行为控制能力的缺乏而相互关联的数个概念，包括但不限于冒险、去抑制和延迟折扣（图 8.1）。冲动性的这些方面与物质滥用之间的因果关系仍有待阐明。研究表明，可能存在与冲动倾向相关的导致成瘾的潜在风险，而物质的滥用可能会进一步加剧冲动性。旨在清楚解释冲动性各个方面的最新研究技术已经指出，不同类型的冲动性与不同类型的药物滥用有关。

从广义上讲，冲动性是没有预见性的反应倾向。由于冲动行为可能在反应产生的任何阶段（反应选择、反应准备、反应启动或反应执行）出现问题，将冲动定义为一个单一的概念一直是经验性研究中的一个挑战。可分离的认知过程（行为学和神经生物学）是冲动行为的基础，并在冲动产生方面发挥不同的作用。通常，用来衡量冲动性的行为任务主要包括以下三项：一是尽管面临负面后果，依然维持响应；二是对小的即时奖赏的偏好超过了对较大的延迟奖赏的偏好；三是控制本能反应的能力。虽然广泛的研究集中在理解冲动性的本体论，但在这一领域，仍然存在争论。戈宾（Gerbing）等人（1987）通过对 11 项自我测评评估和 4 项行为任务进行了因素分析，揭示了 3 个冲动性因素，分别是自发性、持续性和

图8.1 冲动导致冒险行为。

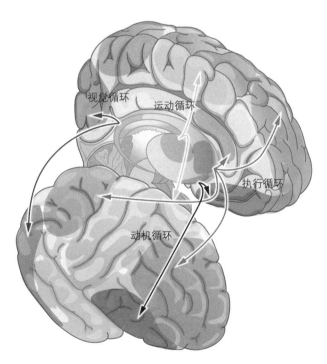

图8.2 皮层纹状体通路。执行、动机、运动和视觉功能环路的功能紊乱都会导致冲动。

（摘自 Seger et al., 2011.）

不受拘束。广泛使用的巴雷特冲动量表（Barratt Impulsiveness Scale，BIS-11）是自我测评式的问卷，对其结果的主成分分析揭示了冲动的三因素模型，包括更强的肌动活动、更弱的注意力和更少的计划性。总体而言，这些模型包括以下要素：一是对负面后果（风险行为）的敏感性降低，二是在信息完全处理之前对刺激做出快速的、无计划的反应（抑制控制减弱），三是缺乏对结果长期后果的关注（延迟折扣）。总体而言，很明显，以多种方式衡量的冲动性与某些形式的药物滥用有关，并且很可能是由于皮层纹状体通路中与冲动性不同表现相关的多种回路的功能障碍导致的（图8.1）。

本章旨在回顾理解冲动性和成瘾性之间联系的大量文献，之后将会重点阐明冲动性背后的不同概念以及用于研究每个概念的不同方法。

冲动性的神经药理学

对注意力缺陷多动症（attention deficit/hyperactivity disorder，ADHD）开展的研究使人们了解到冲动性的神经药理学基础。哌醋甲酯（利他林）和安非他明是治疗ADHD的主要药物，两者均会阻止突触前神经元对多巴胺和去甲肾上腺素的再摄取，从而导致突触后的多巴胺和去甲肾上腺素的水平增加。增加多巴胺的可利用度被认为是缓解ADHD症状的主要机制。因此，较低的多巴胺水平已被认为是冲动行为的潜在神经药理学机制之一。同样，在五选项连续反应时任务（five-choice serial reaction time task，5CSRTT）和延迟折扣任务等被广泛使用的决策任务中，去甲肾上腺素的增加已被证明可以降低在该任务中的冲动性（Robinson et al.，2008）。一些人认为这可能是一种间接的影响，主要基于去甲肾上腺素对多巴胺的下游作用。然而，这个观点基于一些研究表明，在5CSRTT等任务中的冲动反应与伏隔核中的5-羟色胺（5-hydroxytryptamine，5-HT）转换水平呈负相关关系（Moreno et al.，2010）。基于此，一些研究者提出血清素或5-HT水平在伏隔核等皮层下区域中发挥了作用。

冲动性是先天的还是由药物引起的？

许多人认为冲动是一个连续的范围，因此单是冲动性本身并不能代表疾病。但是，冲动更有可能出现在患有某些精神疾病（比如成瘾）的个体中。大多数使用自我测评的冲动性测量方法的研究发现，物质依赖个体的冲动水平高于健康的比较对象（Crews & Boettiger，2009；Rodriguez-Cintas et al.，2016）。在药物依赖的个体中，使用多种依赖药物的个体比使用单一依赖药物的个体更容易冲动。自我测评问卷中使用最广泛的一类调查问卷是BIS-11、

UPPS-P冲动行为量表（Impulsive Behavior Scale，IBS）和延迟折扣的柯比检验（Kirby test），它们产生了3个有关冲动性的测量指标，分别是注意、运动和非无计划性。UPPS-P IBS是一个有59项自我测评的量表，包含了5个不同的子量表（正向紧迫感、负向紧迫感、缺乏计划、缺乏毅力和追求快感）。

  人们认为冲动可能是先天的，是一个容易导致成瘾的因素。这个想法来自旨在证明冲动作为一种稳定特征的遗传性研究（Kreek et al.，2005）。其中一项研究使用了家庭研究方法来确定冲动的遗传性，埃尔舍（Ersche）等人（2010）研究了一大群兴奋剂滥用者及其兄弟姐妹，以及年龄和智商相匹配的对照组中个体的冲动性和快感寻求。如图8.3所示，与对照组相比，同胞兄弟姐妹的冲动性（非快感寻求）显著升高，表明冲动性具有遗传性。使用兴奋剂的人同时表现出最高的快感寻求和冲动性。这与德威特（de Wit）的发现（2009）相一致，该研究表明，兴奋剂长期使用者的兄弟姐妹的冲动性特征水平高于对照组，但在快

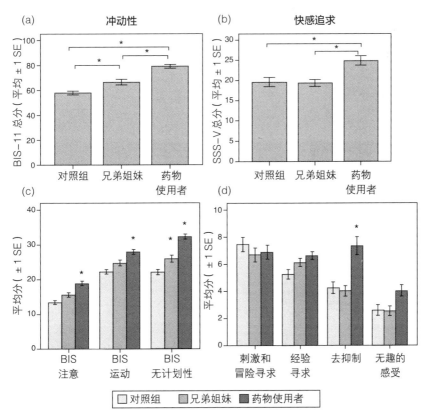

图8.3 对兴奋剂滥用者及其未使用药物的兄弟姐妹，以及未使用药物的对照组的研究表明，冲动特征（非快感寻求）可能是兴奋剂依赖的诱发因素。研究结果使用BIS-11测量冲动特征（a、c），使用快感寻求量表V（Sensation Seeking Scale Form V，SSS-V）测量快感寻求特征（b、d）。SE：标准误差；*：在P < 0.05时有显著差异。

（摘自Ersche et al., 2010.）

感寻求特征方面与对照组没有差异。被试基因研究还发现调控血清素能系统（色氨酸羟化酶 1 和 2，5-HT 转运体）、多巴胺能系统（多巴胺转运体、单胺代谢途径）和去甲肾上腺素能系统（多巴胺 β-羟化酶）的基因与冲动型人格之间存在关联。总之，这些研究表明冲动是可遗传的，并且可能是成瘾的内在表型。

埃尔舍等人的研究（2010）报告称，兴奋剂滥用者的冲动性远超其兄弟姐妹，这表明接触毒品可能加剧本已呈高水平的冲动性。药物可能诱发冲动的观点来自药物滥用和神经成像学研究。例如，有大量证据表明，急性酒精摄入会提高诸如执行/不执行测试和停止信号反应（stop-signal reaction time，SSRT）任务等实验范式中的冲动反应（图 8.4）（Dougherty

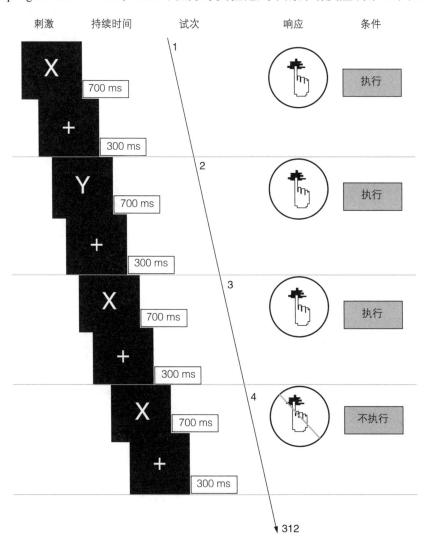

图 8.4 "执行/不执行"测试图示。被试要对每个执行条件（如每次视觉呈现"X"和"Y"）做出响应，但对不执行条件（如连续呈现"X"），则不作出任何响应。

et al., 2008）。这些被广泛使用的反应抑制任务测量一个人抑制动作反应的能力。神经成像学研究还表明，长期物质滥用与大脑区域的结构、功能和代谢变化有关，而这些大脑区域（包括外侧前额皮层和眶额皮层）是冲动相关过程发生的神经基础。总之，药物对大脑区域的神经毒性作用可能是成瘾中观察到的抑制过程受损的原因。

越来越多的证据表明，冲动性是一种先天的危险因素，也是药物滥用导致的结果。鉴于此，尽管这两种病源论针对成瘾过程的不同阶段，但它们都有可能导致成瘾。具体而言，冲动性与其他药物滥用易感性因素（如性别、体内激素状态、对非药物奖励的反应性和早期环境经历）之间的现有关系可能会影响成瘾各个阶段的药物摄入。

风险决策

冲动性的另一方面是在不考虑后果的情况下采取行动。虽然冲动性通常涉及冒险，但与冲动性行为相关的冒险通常与追求快感无关，强调了如冲动和快感寻求是如何成为独立概念的（相关综述见 Ersche et al., 2010），动物研究也支持这一观点。例如，一项根据冲动性和快感寻求来区分大鼠的研究发现，与没有迅速学会可卡因自给药行为的高冲动型大鼠相比，高快感寻求型大鼠对卡可因更敏感，并且更快学会可卡因自给药。然而，即使将轻微的足部电击作为惩罚，高冲动性的大鼠仍表现出更强烈的可卡因寻求行为（Belin et al., 2008）。这种不顾消极后果（在这种情况下为足部电击），依然寻求药物的行为被认为是风险决策。

一项广泛用于评估人类风险决策的任务是爱荷华博弈任务（Iowa gambling task，IGT）（Bechara et al., 1994）。IGT 是一种计算机化的纸牌游戏，用于衡量对奖励和损失的敏感性。在进行 IGT 任务期间，被试必须在可预期的但不确定的奖励和惩罚中权衡，例如冒更大的风险获得更大的奖励或冒较小的风险获得更少的奖励。对于 IGT 任务的神经成像学研究表明，尽管左腹内侧 PFC 的激活与 IGT 的成功表现有关，右腹内侧 PFC 也参与了决策过程。病变研究证实了这些发现，表明腹内侧 PFC 有病变的患者决策能力较差。其他研究也报告了腹内侧 PFC 在决策中作用的特殊性。例如克拉克（Clark）等人（2008）的研究发现，在病变患者中，腹内侧 PFC 和岛叶的功能是分离的，在结果概率已知的试验中，腹内侧 PFC 在决策中发挥了作用（图 8.5），而岛叶仅在更不利的情形下发挥作用，从而证实了岛叶在情感决策过程中的特殊性。

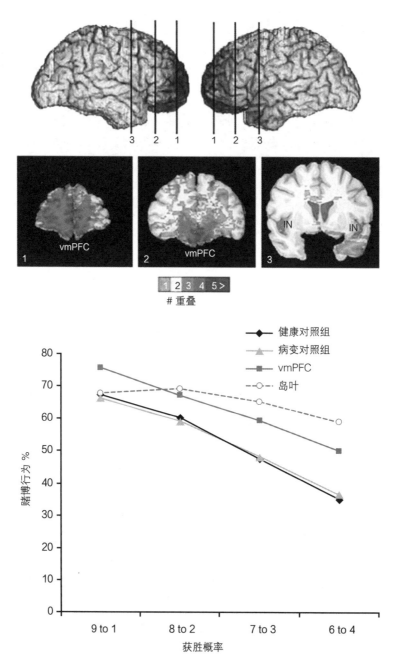

图 8.5 腹内侧 PFC 病变导致风险决策。研究发现,与 41 例无病变对照组、13 例岛叶病变患者、12 例病变(主要为背外侧 PFC 或腹外侧 PFC 病变)对照组相比,20 例左腹内侧 PFC 有病变的患者表现出更强的赌博行为。vmPFC(ventromedial PFC):腹内侧 PFC;IN:岛叶皮层。

(摘自 Clark et al., 2008; 彩色版本请扫描附录二维码查看。)

抑制控制

冲动性的另一方面是停止已经开始或处于选择阶段将要发生的动作的能力。想象一下，当你驾驶一辆汽车通过刚从绿色变为黄色的交通灯时，你松开油门踏板需要付出的努力。这个动作需要类似的过程来抑制预先的潜在反应（即踩下油门踏板）。如前所述，一些广泛用于测量抑制控制的任务是SSRT任务和执行/不执行测试。受试者在执行SSRT任务中需要取消已选择的响应（"行动取消"），在执行/不执行测试中被要求控制动作的发生。在动物实验中，与这种实验范式类似的任务是5CSRTT。该任务训练动物探测短暂出现的视觉目标从而获得食物奖赏，而在视觉信号出现之前发生的预期反应被认为是过早反应。

抑制控制的回路包括右下额回、前扣带回、前皮层和运动皮层，以及基底神经节和到丘脑下核的投射（Aron et al., 2007）（图8.6）。批判右偏侧化模型的研究者认为抑制控制是左半球区域的额外贡献。有研究者认为，鉴于SSRT任务期间的反应抑制是对外部线索的响

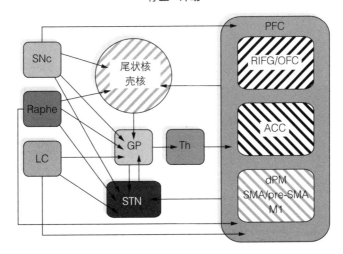

图8.6 停止行为回路图示。抑制控制取决于PFC区域（皮层运动区域：M1，初级运动皮层；SMA/pre-SMA，辅助运动区域；dPM，背侧运动前区域）与右下额回（right inferior frontal gyrus, RIFG），前扣带回皮层（anterior cingulate cortex, ACC），眶额皮层（orbitofrontal cortex, OFC）和纹状体区域之间的相互作用，其中纹状体区域包括背侧纹状体（尾状核壳核）、苍白球（globus pallidus, GP）和通过丘脑（thalamus, Th）投射到前额叶的丘脑下核（subthalamic nucleus, STN）。前额叶和纹状体网络由黑质致密部（substantia nigra pars compacta, SNc）/腹侧被盖区的中脑多巴胺能神经元、肾小球核（raphé nuclei, Raphe）的血清素能神经元和蓝斑核（locus coeruleus, LC）的去甲肾上腺素能神经元调节。

（摘自 Dalley et al., 2011. © 2011 Elsevier, USA.）

应，所描述的过程可能主要是由注意力驱动的。最后，尽管研究者普遍认为抑制控制是由皮层机制自上而下施加的，但越来越多的证据表明，涉及皮层和皮层下脑区的神经回路参与该机制，特别是在基底神经节内。此外，也存在一种可能性，即冲动性可能不仅由皮质环路介导，还与纹状体水平引起的化学失调有关。

奖赏的延迟折扣

相对于延迟的更大奖赏而言，优先选择即刻的小额奖赏是表现冲动性的另一个方面，称为延迟折扣（delay discounting，图 8.7）。延迟折扣可以被建模为双曲线贴现，最初表述在关于鸽子的实验中。在该研究中，随着时间的推移，鸽子会转向选择两种奖赏中的较小者（Ainslie, 1975）。当前的折扣范式测量短暂延迟后的奖赏选择以及奖赏的概率折扣，即时间延迟的维度被强化物的不确定性所取代。

与上述停止响应过程中的抑制控制相反，延迟折扣可以被视为一种等待行为。高冲动性大鼠的抑制控制（"停止"）和延迟折扣（"等待"）在 5CSRTT 任务中的表现是分离的，尽管这些大鼠在 SSRT 任务中有完整的抑制控制。这些发现表明可能有两种截然不同的神经基底物负责冲动中的停止行为（例如背侧纹状体）和等待行为（例如腹侧纹状体）（图 8.8）。最早的一项有关延迟折扣的研究发现，在 75% 的试验中发现大鼠优先选择小（2 个食物颗粒）的即刻奖赏，而不是在延迟 15 秒后获得的大（12 个食物颗粒）奖赏，随后比低冲动性亚组大鼠摄取了更多的含 12% 酒精的溶液（Poulos et al., 1995）。在成瘾方面，表现出延迟折扣的大鼠比没有表现出延迟折扣的大鼠更快地实现自身给药。

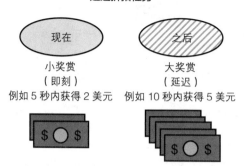

图 8.7　延迟折扣任务的图解。

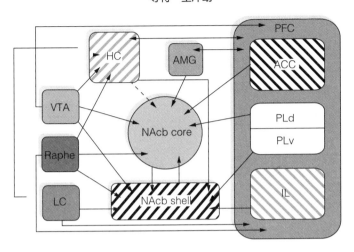

图 8.8 等待回路的示意图。奖赏的延迟折扣取决于自上而下的前额叶与海马（hippocampus，HC）、杏仁核（amygdala，AMG），以及包括伏隔核（nucleus accumbens core，NAcb core）和伏隔核壳（nucleus accumbens shell，NAcb shell）在内的腹侧纹状体区域之间的相互作用。通过极具组织性地输入至NAcb，前扣带回（anterior cingulate cortex，ACC），背侧（dorsal prelimbic cortex，PLd）和腹侧前边缘皮层（ventral prelimbic cortex，PLv）以及下缘皮层（infralimbic cortex，IL）在等待行为中发挥不同作用。VTA：腹侧被盖区；LC：蓝斑核。

（摘自 Dalley et al., 2011. ©2011 Elsevier, USA.）

本章总结

- 冲动性是一个异质性的结构，由多个导致决策失误的独立过程构成。
- 尽管人们一致认为冲动行为与成瘾有关，但冲动性与成瘾之间的因果关系仍有待阐明。冲动可能是导致成瘾的一个危险因素，而接触毒品会进一步加剧冲动行为，从而导致持续吸毒。
- 风险决策被定义为不考虑消极后果的持续性行为。
- 抑制控制是一种抑制过早反应的能力。
- 奖赏的延迟折扣是指优先选择即时的小奖赏，而非延迟的大奖赏。
- 皮层纹状体网络是与冲动性相关的各种过程的基础。
- 虽然去甲肾上腺素和5-HT在调控冲动性行为中发挥了作用，但是多巴胺是调控冲动性行为的主要神经递质。

回顾思考

- 像埃尔舍等人（2010）所描述的研究，如何破译成瘾中冲动性行为的长期性？

- 风险决策的定义是什么？
- 有哪些被广泛使用的评估反应抑制的实验范式？
- 延迟折扣是什么？
- 皮层纹状体环路是如何与控制行为相关的？
- 去甲肾上腺素和 5-HT 对冲动性行为有什么作用？

拓展阅读

- Beaton, D., Abdi, H. & Filbey, F. M. (2014). Unique aspects of impulsive traits in substance use and overeating: specific contributions of common assessments of impulsivity. *Am J Drug Alcohol Abuse,* 40(6), 463–475. doi:10.3109/00952990.2014.937490
- Crews, F. T. & Boettiger, C. A. (2009). Impulsivity, frontal lobes and risk for addiction. *Pharmacol Biochem Behav,* 93(3), 237–247. doi:10.1016/j.pbb.2009.04.018
- Ding, W. N., Sun, J. H., Sun, Y. W., et al. (2014). Trait impulsivity and impaired prefrontal impulse inhibition function in adolescents with internet gaming addiction revealed by a Go/No-Go fMRI study. *Behav Brain Funct,* 10, 20. doi:10.1186/1744-9081-10-20
- Filbey, F. M. & Yezhuvath, U. S. (2017). A multimodal study of impulsivity and body weight: integrating behavioral, cognitive, and neuroimaging approaches. *Obesity (Silver Spring),* 25(1), 147–154. doi:10.1002/oby.21713
- Filbey, F. M., Claus, E. D., Morgan, M., Forester, G. R. & Hutchison, K. (2012). Dopaminergic genes modulate response inhibition in alcohol abusing adults. *Addict Biol,* 17(6), 1046–1056. doi:10.1111/j.1369-1600.2011.00328.x
- Hu, Y., Salmeron, B. J., Gu, H., Stein, E. A. & Yang, Y. (2015). Impaired functional connectivity within and between frontostriatal circuits and its association with compulsive drug use and trait impulsivity in cocaine addiction. *JAMA Psychiatry,* 72(6), 584–592. doi:10.1001/jamapsychiatry.2015.1
- Jupp, B. & Dalley, J. W. (2014). Convergent pharmacological mechanisms in impulsivity and addiction: insights from rodent models. *Br J Pharmacol,* 171(20), 4729–4766. doi:10.1111/bph.12787
- McHugh, M. J., Demers, C. H., Braud, J., et al. (2013). Striatal-insula circuits in cocaine addiction: implications for impulsivity and relapse risk. *Am J Drug Alcohol Abuse,* 39(6), 424–432. doi:10.3109/00952990.2013.847446
- Pivarunas, B. & Conner, B. T. (2015). Impulsivity and emotion dysregulation as predictors

of food addiction. *Eat Behav,* 19, 9–14. doi:10.1016/j. eatbeh.2015.06.007
- Stevens, L., Verdejo-Garcia, A., Goudriaan, A. E., et al. (2014). Impulsivity as a vulnerability factor for poor addiction treatment outcomes: a review of neurocognitive findings among individuals with substance use disorders. *J Subst Abuse Treat,* 47(1), 58–72. doi:10.1016/j.jsat.2014.01.008
- Winstanley, C. A. (2007). The orbitofrontal cortex, impulsivity, and addiction: probing orbitofrontal dysfunction at the neural, neurochemical, and molecular level. *Ann NY Acad Sci,* 1121, 639–655. doi:10.1196/annals.1401.024

聚焦　为什么会冲动

人们普遍认为青少年是冲动性群体。在成像技术出现之前，人们认为经历青春期后，个体及其大脑基本上就是这个样子了。然而，研究显示青少年的大脑仍在发育，尤其是作为负责冲动控制和决策的 **PFC** 是最后发育的地方。从本质上来讲，大脑是从后往前发育的。

图 S8.1　青春期是神经发育的关键时期

这些纵向研究收集了个人在青春期发育过程中多年的大脑结构数据，其结果表明，大脑在被认为完全"成熟"或完全髓鞘化至成人水平之前，将持续发育到二十五六岁。在此期间，关键的神经发育发生在连接不同脑区的白质束内。因此，前额控制区域无法立即发挥作用。这将导致包括物质使用在内的更大的风险行为。

参考文献

Ainslie, G. (1975). Specious reward: a behavioral theory of impulsiveness and impulse control. *Psychol Bull,* 82(4), 463–496. doi:10.1037/h0076860

Aron, A. R., Behrens, T. E., Smith, S., Frank, M. J. & Poldrack, R. A. (2007). Triangulating a cognitive control network using diffusion-weighted magnetic resonance imaging (MRI) and functional MRI. *J Neurosci,* 27(14), 3743–3752. doi:10.1016/0010-0277(94)90018-3

Bechara, A., Damasio, A. R., Damasio, H. & Anderson, S. W. (1994). Insensitivity to future consequences following damage to human prefrontal cortex. *Cognition,* 50(1–3), 7–15.

Belin, D., Mar, A. C., Dalley, J. W., Robbins, T. W. & Everitt, B. J. (2008). High impulsivity predicts the switch to compulsive cocaine-taking. *Science,* 320(5881), 1352–1355. doi:10.1126/science.1158136

Clark, L., Bechara, A., Damasio, H., et al. (2008). Differential effects of insular and ventromedial prefrontal cortex lesions on risky decision-making. *Brain,* 131(5), 1311–1322. doi: 10.1093/brain/awn066

Crews, F. T. & Boettiger, C. A. (2009). Impulsivity, frontal lobes and risk for addiction. *Pharmacol Biochem Behav,* 93(3), 237–247. doi:10.1016/j. pbb.2009.04.018

Dalley, J. W., Everitt, B. J., & Robbins, T. W. (2011). Impulsivity, compulsivity, and top-down cognitive control. *Neuron,* 69(4), 680–694. doi:10.1016/j.neuron.2011.01.020

de Wit, H. (2009). Impulsivity as a determinant and consequence of drug use: a review of underlying processes. *Addict Biol,* 14(1), 22–31. doi:10.1111/j.1369-1600.2008.00129.x

Dougherty, D. M., Marsh-Richard, D. M., Hatzis, E. S., Nouvion, S. O. & Mathias, C. W. (2008). A test of alcohol dose effects on multiple behavioral measures of impulsivity. *Drug Alcohol Depend,* 96(1–2), 111–120. doi:10.1016/j.drugalcdep.2008.02.002

Ersche, K. D., Turton, A. J., Pradhan, S., Bullmore, E. T. & Robbins, T. W. (2010). Drug addiction endophenotypes: impulsive versus sensation-seeking personality traits. *Biol Psychiatry,* 68(8), 770–773. doi:10.1016/ j.biopsych.2010.06.015

Gerbing, D. W., Ahadi, S. A. & Patton, J. H. (1987). Toward a conceptualization of impulsivity: components across the behavioral and self-report domains. *Multivariate Behav Res,* 22(3), 357–379. doi:10.1207/s15327906mbr2203_6

Kreek, M.J., Nielsen, D. A., Butelman, E. R. & LaForge, K. S. (2005). Genetic influences on impulsivity, risk taking, stress responsivity and vulnerability to drug abuse and addiction. *Nat*

Neurosci, 8(11), 1450–1457. doi:10.1038/nn1583

Moreno, M., Cardona, D., Gómez, M. J., *et al.* (2010). Impulsivity characterization in the Roman high-and low-avoidance rat strains: behavioral and neurochemical differences. *Neuropsychopharmacology,* 35(5), 1198–208. doi:10.1038/npp.2009.224

Poulos, C. X., Le, A. D. & Parker, J. L. (1995). Impulsivity predicts individual susceptibility to high levels of alcohol self-administration. *Behav Pharmacol,* 6(8), 810–814. doi:10.1097/00008877-199512000-00006

Robinson, E. S., Eagle, D. M., Mar, A. C., *et al.* (2008). Similar effects of the selective noradrenaline reuptake inhibitor atomoxetine on three distinct forms of impulsivity in the rat. *Neuropsychopharmacology,* 33(5), 1028–1037. doi:10.1038/sj.npp.1301487

Rodriguez-Cintas, L., Daigre, C., Grau-López, L., *et al.* (2016). Impulsivity and addiction severity in cocaine and opioid dependent patients. *Addict Behav,* 58, 104–109. doi:10.1016/j.addbeh.2016.02.029

Seger, C. A. & Spiering, B. J. (2011). A critical review of habit learning and the basal ganglia. *Front Syst Neurosci,* 5, 66. doi:10.3389/fnsys.2011.00066

第9章
脑科学在成瘾预防和干预中的应用

学习目标
- 能够理解成瘾是怎样成为一种慢性脑部疾病的。
- 熟悉成瘾的药理学原理。
- 能够阐述行为疗法的认知机制。
- 能够阐述药理学和行为学方法之间的协同作用。
- 了解干预的目标生物路径方法。

引言

由于成瘾有巨大的社会影响,它在历史上曾被当作一个社会问题(即精神失调),而不是医学、健康问题。这种误解导致目前缺乏成功的预防和干预成瘾的方法。在过去的二十年里,尤其是在被人们称为"脑科学的十年"的1990年到2000年,人们对成瘾是一种慢性脑部疾病的观点有了更科学的理解和更高的接受度。因此,目前有效的治疗方法通常秉持着这样的观点:成瘾是一种影响大脑功能且可治疗的疾病,其治疗应当是个性化的,并一同解决其他可能存在的精神障碍。正如第5章所讨论的,尽管滥用的药物有不同的作用机制,但神经科学研究,特别是体内人类神经成像研究发现的科学证据已经表明,它们都改变了大脑边缘奖赏系统中的多巴胺能信号传递。正如本书通篇所讨论的,该系统的功能障碍导致了奖赏加工过程、动机和目标导向行为以及抑制调控的改变。因此,这些都是可以作为治疗干预的关键大脑靶向区域和认知过程。

成瘾是一种终身的、慢性的脑部疾病。"慢性"一词反映了其病理状态的持久性,这意味着尽管戒断该药物,成瘾症状(即复发)仍很有可能会再发生。从这个角度来看,成瘾的复发率类似于糖尿病、高血压和哮喘等其他慢性病,而所有这些疾病的产生都有生理和心理因素，并且它们的服药依从性相同（图9.1）。目前的干预方法侧重于通过缓解戒断症状，促进治疗依从性，并通过预防复发来促进长期戒断。常用的几种治疗方法包括药理学和行为学、神经认知学方法。研究表明，多种方法的结合有助于获得更好的治疗效果，这也与成瘾和康复过程的复杂性相一致。事实上，治疗方案需要考虑到成瘾造成的破坏是广泛的，包括个人的医疗、心理、社会和职业等方面。因此，治疗方案包含了全面的康复服务，以满足这些不同的需求（图9.2）。见本章"聚焦1"板块中关于朋辈咨询项目提供的社会职业支持。

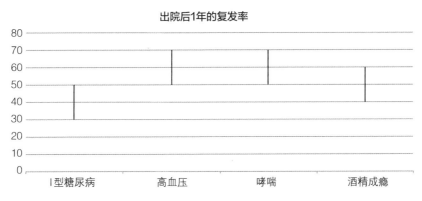

图9.1 糖尿病、高血压、哮喘和酗酒患者的复发率。与成瘾类似，复发在其他慢性疾病中也很常见（即使坚持服药也会复发）。因此，药物成瘾应该像其他慢性病一样得到治疗，而复发是再次干预的触发因素。

（数据摘自McLellan et al., 2000）

图9.2 综合性药物成瘾治疗的组成部分。最好的治疗方案是疗法和其他服务的结合，以满足患者的个性化需求。

（摘自美国国家药物滥用研究所，2018）

那么，目前成瘾相关的脑科学科研成果如何转化为使最需要的群体受益的临床应用？目前有哪些新的切入点可以用来开发更有效的治疗方法？令人欣喜的是，将神经科学研究中神经成像学的发现转化为临床应用，有望改善临床实践的现状。典型的药物滥用成瘾治疗方案包括以下几个步骤：一是生理戒毒（身体摆脱毒品的过程）；二是初步恢复，重点是保持治疗的积极性；三是预防复发，包括对并发的精神健康问题（比如抑郁和焦虑）的治疗等。本章将聚焦于神经科学研究如何帮助我们科学防治成瘾。目前，神经科学研究已经取得了如下进展：一是推进了我们对风险因素的理解，帮助我们更好地进行早期干预；二是促进标准治疗方案的改进；三是为谁应当接受干预、什么是有效干预和如何进行有效干预提供了科学判断；四是促进新型和更具针对性的干预措施的发展。

药理学方法

药物干预是成瘾治疗的一个重要组成部分，特别是当其与行为疗法结合使用时。药物可用于控制戒断症状、预防复发，并通过靶向特定的受体激活或阻断其作用机制，从而阻断滥用物质与大脑受体的相互作用。目前有许多药物疗法用于治疗阿片类、烟草和酒精成瘾，研究人员也正在研究类似的药物疗法来治疗兴奋剂和大麻成瘾。

阿片受体药物包括阿片受体激动剂和拮抗剂。目前，美国唯一被批准用于药物治疗的阿片受体激动剂是美沙酮和丁丙诺啡（见"聚焦2"板块中法律法规是如何平衡与阿片类成瘾治疗的费用）。阿片受体激动剂治疗在管理阿片类戒断和减少渴求方面是有效的。具体来说，美沙酮是一种 μ-阿片受体激动剂，也是一种NMDA受体拮抗剂。fMRI研究表明，美沙酮治疗导致的渴求减少与边缘系统的激活减少有关（Li et al., 2013）。质谱成像研究证实，美沙酮分布在大鼠脑内纹状体和海马体区域，包括尾状核、壳核和上皮层（Teklezgi et al., 2018）。这些研究表明，减轻线索诱发的渴求可能是美沙酮的首要效果，这可能是长期戒断的关键（图9.3）（Li et al., 2013）。NMDA拮抗剂的作用涉及谷氨酸能系统的调节，而谷氨酸能系统被认为可以促成耐受。纳曲酮（naltrexone）是一种 μ-阿片类、κ-阿片类和 δ-阿片受体拮抗剂，已被批准用于治疗阿片类和酒精成瘾障碍。研究表明，纳曲酮在减少主观渴求方面效果明显。fMRI显示，与纳曲酮相联系的眶额回和扣带回、额下回和额中回对酒精线索的神经反应降低，这些脑区是与情感、认知、奖励、惩罚和学习、记忆相关的重要区域。酒精线索的显著性减弱可能是预防复发的主要机制。

胆碱能药物调节胆碱能系统，主要用于戒烟。安非他酮（bupropion）是烟碱乙酰胆碱受体（nicotinic acetylcholine receptor，nAChR）拮抗剂，抑制神经元对多巴胺的再摄取。事实上，安非他酮可以减少对药物的渴求。相反，伐尼克兰（varenicline）是 $\alpha_4\beta_2$ 亚型的部

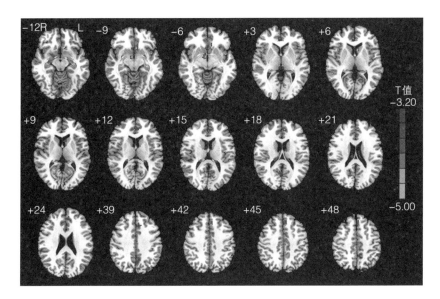

图9.3 经历美沙酮辅助治疗（methadone-assisted therapy，MAT）后，在线索诱发成瘾渴求的任务期间，与短期戒断海洛因吸食者（平均戒断时间为23天）相比，长期戒断海洛因吸食者（平均戒断时间为193天）的纹状体区域的反应明显降低。

（摘自 Li et al., 2013；彩色版本请扫描附录二维码查看。）

分激动剂和 α_7 nAChR 的完全激动剂，可以导致胆碱能传递的增强。研究表明，伐尼克兰通过增加 PFC 的激活来减少尼古丁戒断症状并提高认知能力（Loughead et al., 2010）。因为 nAChR 激动剂的认知增强作用，这些药物也被用于改善其他成瘾类型的认知障碍。例如，加兰他敏（galantamine）是乙酰胆碱酯酶抑制剂，也是 nAChR 的异构增效剂，被发现可以改善可卡因吸食者的认知表现（持续注意力和工作记忆功能），有助于减少毒品使用（通过尿液检测）（Sofuoglu & Carroll, 2011）。安非他酮和伐尼克兰的对比研究报告发现，在戒烟后的 3 个月和 12 个月，伐尼克兰组的戒烟成功率更高，这强调了认知功能的改善对维持戒断行为的重要作用（Johnson, 2010）。同样，伐尼克兰和安非他酮的联合治疗比单一疗法产生更大的疗效（Vogeler et al., 2016）。

阿坎酸（acamprosate）具有类似于 GABA 的化学结构，主要通过恢复谷氨酸系统中正常的 NMDA 受体水平而起作用。阿坎酸也被认为能抑制因长期酒精暴露导致的神经元兴奋引起的钙离子进入，从而改变 NMDA 的受体构象。GABA 和谷氨酸盐的平衡可能是导致其治疗效果的内在机制。阿坎酸已被证明可以减少渴求，以剂量依赖性的方式作用于降低酒饮用水平、增加治疗完成度和维持戒断的效应。通过在酗酒被试中使用 MEG 技术（见第 2 章），研究人员发现，在酒精戒断期间，正如在颞叶区测量的 α 波指数所显示的那样，阿坎酸降低了唤醒水平（Boeijinga et al., 2004）。这一发现与阿坎酸通过作用于谷氨酸能神经传递来调节急性酒精戒断所引起的神经元过度兴奋的观点相一致。

醛脱氢酶抑制剂双硫仑（aldehyde dehydrogenase inhibitor disulfiram）是一种解酒剂，也用于治疗酒精使用障碍。双硫仑（disulfiram）显著改变酒精代谢，导致血液乙醛浓度增加。乙醛的这种积累会导致诸如脸红、全身血管扩张、呼吸困难、恶心、低血压和其他症状（即乙醛综合征）等令人厌恶的影响。与抗渴求药物相反，双硫仑不调节神经生物学中的奖赏机制，而是通过产生对酒精的厌恶反应来起作用。作为一种威慑手段，双硫仑在支持戒酒方面的治疗作用是通过心理效应来介导的，即因厌恶反应产生的预期效应。该方法的证据来自一项荟萃分析，该分析表明双硫仑的治疗效果在开放标签试验中更显著（Skinner et al., 2014）。

行为学方法

行为学方法（behavioral approache）旨在改善与成瘾相关的认知缺陷，特别是前额叶功能。前额叶区域（包括眶额叶、背外侧前额叶和前扣带皮层）介导执行功能，例如注意力、工作记忆、决策、场景转换和抑制控制等。认知行为模型（cognitive behavioral model）提供认知策略和训练，可以提高自我控制能力，同时增强个体对药物使用触发因素的认识。例如，认知行为疗法（cognitive behavioral therapy，CBT）可用于减少成瘾线索诱发的渴求反应。CBT的有效性通过个体加强对行为的自我控制来发挥作用。尽管我们还不了解CBT发挥其治疗作用的神经机制，但神经成像研究已经发现其中涉及大脑功能网络的改善。例如，CBT被证明可以加强执行功能的网络连接，例如注意力（Lewis et al., 2009）。此外，一项关于成瘾线索诱发渴求的fMRI研究中，用认知行为疗法引导被试者关注烟草使用的长期后果，而非烟草使用带来的短期愉悦，结果发现背外侧前额皮层区域通过影响腹侧纹状体的激活调节控制渴求（Kober et al., 2010）。

认知康复疗法（cognitive rehabilitation strategy）通过提供密集的计算机化训练，提高人的记忆、注意力、计划和其他执行能力。因此，认知技能的提高会导致以下几种结果：一是对已习得的与药物滥用相关的行为有更强的认知控制，二是降低冲动性，三是提高决策能力，四是对药物使用有更深入的认识。神经成像学研究表明，认知康复疗法可能使前额皮层区域的脑激活正常化（Wexler et al., 2000）。比克尔（Bickel）等人（2011）证明，集中的计算机化记忆任务训练可以显著降低兴奋剂使用者的冲动性、延迟折扣（即偏爱即时奖赏还是延迟奖赏）。

动机强化疗法（motivational enhancement therapy，MET）和动机面谈（motivational interviewing，MI）等社会心理干预（psychosocial intervention）措施，是一种简短而有重点的干预，

旨在提高个人改变的动机。研究表明，这些方法的疗效取决于年龄、药物成瘾的类型和干预目标。例如，MET 在使用大麻的成年人中显示出治疗成功的效果，但在青少年和使用可卡因、海洛因或尼古丁人群中的效果并不理想。费尔德斯坦·尤因（Feldstein Ewing）等人（2011）认为，MI 通过降低奖赏通路区域反应来减少药物滥用，这表明它的疗效在于降低药物线索的显著性。此外，他们发现 MI 中的有效因素（即来访者改变说话方式），引起了自我意识的基础区域（左额下回、前岛叶和颞上回）的激活（Feldstein Ewing et al., 2014）。应急管理（contingency management，CM）疗法在随机临床试验中显示出了强有力的实证支持。CM 通过正激励去强化目标结果，纠正即时奖赏带来的放大价值的错觉和延迟奖赏的折扣价值（延迟折扣）。延迟折扣与成瘾治疗效果差有关，并被证明与参与决策的皮层和皮层下系统有关（Balleine et al., 2007）。皮层下奖赏区域（比如腹侧纹状体）对小的即时奖赏高度敏感，而 PFC 的皮层区域在较大但延迟的奖赏中更活跃。

结合的方法

结合的方法（combined approaches）的理论基础是药物治疗诱发的神经改变可以完善行为学方法所针对的认知机制。例如，CBT 的认知控制训练可以增强抗渴求药物的效果，降低药物线索的敏感性。这种结合的方法将最大限度地提高治疗的成功率，特别是在认知恢复训练的早期阶段实施。研究已证明，结合治疗比单一药物治疗和行为疗法治疗效果更好。例如，安非他酮与尼古丁使用者的团体咨询显示，与单一治疗方法相比，参与结合治疗的患者的后扣带皮层（是目标导向行为的重要区域）的葡萄糖代谢减少（Costello et al., 2010）。索福格鲁（Sofuoglu）等人（2013）将加兰他敏和 CBT 干预相结合，利用加兰他敏改善记忆和注意力，促进 CBT 技能和方法的学习。结合疗法可以提高每种方法的疗效，尤其是在可以获得最大效果的关键时期（即早期恢复）。这些研究表明，在药物和行为疗法中会出现协同机制。波滕扎（Potenza）等人提出一个模型（2011），通过该模型，大脑机制可以介导行为和药物联合治疗成瘾的效果（图 9.4）。他们认为行为学方法在针对"自上而下"的 PFC 功能（如抑制控制）方面更有效，而药物治疗对皮层下或"自下而上"的过程（如奖赏渴求反应）更有效。

科诺娃（Konova）等人（2013）回顾了关于成瘾干预的大脑反应的神经成像学文献，以探究不同干预措施独立和协同工作的机制。具体来说，他们使用荟萃分析，研究了药物和行为单一疗法相关的不同和共同的神经模式。总的来说，他们发现药理学和行为学机制在多巴胺能奖赏通路（腹侧纹状体、额下回和眶额皮层）中有明显的重叠（图 9.5）。他们还指出，虽然有重叠，但与药物干预相比，行为干预更有可能调节前扣带回、额中回和楔前叶、

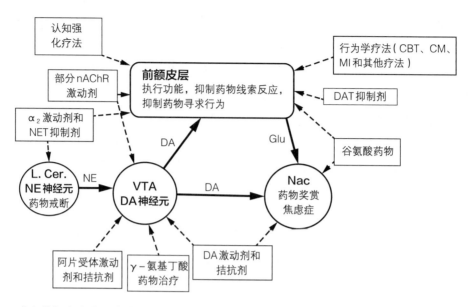

图9.4 成瘾的行为和药理学疗法之间的协同机制模型。DA（dopamine）：多巴胺；DAT（dopamine transporte）：多巴胺转运体；Nac（nucleus accumbens）：伏隔核；Glu（glutamate）：谷氨酸盐；VTA（ventral tegmental area）：腹侧被盖区；L.Cer.（locus coeruleus）：蓝斑；NE（norepinephrine）：去甲肾上腺素；NET（norepinephrine transporter）：去甲肾上腺素转运蛋白。

（摘自 Potenza et al., 2011. © 2011 Elsevier, USA.）

后扣带皮层的反应。这证实了波滕扎等人（2011）的模型中提出的行为干预的"自上而下"的概念。总的来说，这些发现表明了一种潜在机制，即同时使用药理学和行为认知方法可以产生协同（基于共同靶点）或互补（基于不同靶点）的治疗效果。行为干预对前额叶和顶叶皮层区域的影响对治疗依从性可能很重要。

治疗效果

由于目前尚缺乏戒断后认知和神经损伤恢复程度的相关知识，治疗后的效果很难被评估。如前所述，康复是复杂的，并且整体改善与戒断时间没有明显的线性关系。例如，抑制性控制网络激活不足可能在戒断的早期阶段会恶化，然后在长期戒断时转好。这意味着应用治疗方法的时机至关重要。例如，在早期戒断时前额叶控制系统薄弱会导致高复发风险，所以要加强抑制性控制（如自我控制训练）。

一般来说，认知障碍与较差的治疗依从性有关。例如，未能完成CBT的可卡因吸食者在注意力、记忆、空间能力、速度、准确性、整体功能和认知能力测试中的表现明显差于完成CBT的可卡因吸食者（Aharonovich et al., 2006）。在没有完成治疗的大麻吸食者中也

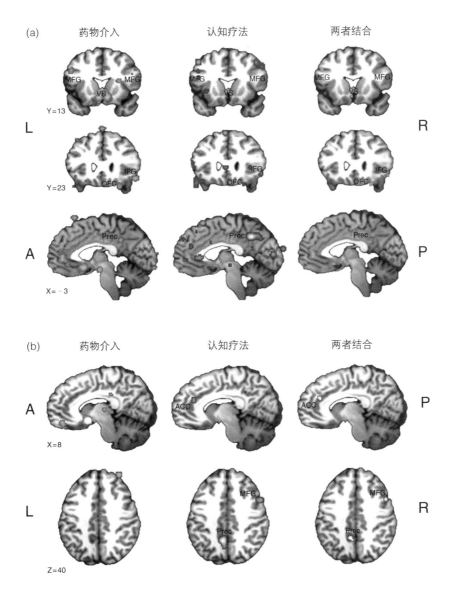

图9.5 药理学疗法和认知治疗干预疗法的共同(a)和不同(b)神经靶点。连接阈值:未校正 P<0.005,最小聚类值为100 mm³。差异对比阈值:错误发现率校正后P<0.05,最小聚类值为100 mm³。A(anterior):前部;ACC(anterior cingulate cortex):前扣带回;IFG(inferior frontal gyrus): 额下回;L(left):左;MFG(middle frontal gyrus):额中回;OFC(orbitofrontal cortex):眶额皮层; P(posterior):后部;Prec(precuneus):楔前叶;R(right):右;VS(ventral striatum):腹侧纹状体。

(摘自Konova et al., 2013. © 2013 Elsevier, USA; 彩色版请扫描附录二维码查看。)

发现了类似的情况，即在抽象推理和加工准确性的表现较差（Aharonovich et al., 2008）。除了预测治疗依从性的认知表现外，研究发现，在可卡因吸食者的药物筛查结果呈阴性的情况下，其风险承担和持续注意力的测量表现可以预测CBT的结果。值得注意的是，以综合评分为指标的总体认知表现并不能预测治疗效果，这表明认知表现对临床药物治疗过程的影响具有特异性（Carroll et al., 2011）。一般来说，抑制性控制的损害常与较差的疗效相关（Verdejo-Garcia et al., 2012）。

长期预防复发是成瘾干预中面临的最大挑战。研究表明，由于研究样本的异质性，研究仅能显示当前方法不太明显的效果。鉴于成瘾在风险和表现方面具有个体差异性，不能一刀切。当使用生物学定义的内表型（而非行为症状）时，有望找到有效果的治疗方法。例如，研究人员已发现纳曲酮治疗对 μ-阿片类受体基因特定变异的携带者更有效（Chen et al., 2013）。对阿坎酸的反应可能也存在类似的遗传效应，特别是在与谷氨酸能、γ-氨基丁酸能负强化系统相关的基因中（Ooteman et al., 2009）。最近，研究人员使用功能神经成像技术也检测到了患者群体之间的生物学差异。当显示有诱导性的酒精图片时，纳曲酮在高反应组患者中效果更好。同时，大脑谷氨酸水平的磁共振波谱可以检测出潜在的对阿坎酸反应性高的群体。

本章总结
- 研究表明，药理学方法和认知方法的结合会产生更好的治疗效果。
- 从成瘾到恢复正常要经历三个阶段：生理戒毒、初步恢复和预防复发。
- 药物治疗和行为疗法的协同机制可能是通过行为干预的"自上而下"机制与药理学方法中"自下而上"机制实现的。

回顾思考
- 药理学疗法和认知疗法的共同靶点是什么？
- 神经成像学方法如何促进个性化治疗？
- 成瘾干预的三个主要阶段分别是什么？
- 行为疗法和药物治疗机制如何互补？
- 行为疗法和药物治疗共同针对哪个生物通路？

拓展阅读
- Bickel, W. K., Christensen, D. R. & Marsch, L. A. (2011). A review of computer-based interventions used in the assessment, treatment, and research of drug addiction. *Subst Use*

Misuse, 46(1), 4–9. doi:10.3109/10826084.2011.521066

- Chung, T., Noronha, A., Carroll, K. M., et al. (2016). Brain mechanisms of change in addictions treatment: models, methods, and emerging findings. *Curr Addict Rep,* 3(3), 332–342. doi:10.1007/s40429-016-0113-z
- Feldstein Ewing, S. W., Filbey, F. M., Hendershot, C. S., McEachern, A. D. & Hutchison, K. E. (2011). Proposed model of the neurobiological mechanisms underlying psychosocial alcohol interventions: the example of motivational interviewing. *J Stud Alcohol Drugs,* 72(6), 903–916.
- Feldstein Ewing, S. W., Filbey, F. M., Sabbineni, A., Chandler, L. D. & Hutchison, K. E. (2011). How psychosocial alcohol interventions work: a preliminary look at what FMRI can tell us. *Alcohol Clin Exp Res,* 35(4), 643–651. doi:10.1111/j.1530-0277.2010.01382.x
- Feldstein Ewing, S. W., Houck, J. M., Yezhuvath, U., et al. (2016). The impact of therapists' words on the adolescent brain: in the context of addiction treatment. B*ehav Brain Res,* 297, 359–369. doi:10.1016/j.bbr.2015.09.041
- Feldstein Ewing, S. W., McEachern, A. D., Yezhuvath, U., et al. (2013). Integrating brain and behavior: evaluating adolescents' response to a cannabis intervention. *Psychol Addict Behav,* 27(2), 510–525. doi:10.1037/a0029767
- Gilfillan, K. V., Dannatt, L., Stein, D. J. & Vythilingum, B. (2018). Heroin detoxification during pregnancy: a systematic review and retrospective study of the management of heroin addiction in pregnancy. *S Afr Med J,* 108(2), 111–117. doi:10.7196/SAMJ.2017.v108i2.7801
- Glasner-Edwards, S. & Rawson, R. (2010). Evidence-based practices in addiction treatment: review and recommendations for public policy. *Health Policy,* 97(2–3), 93–104. doi:10.1016/j.healthpol.2010.05.013
- Gorsane, M. A., Kebir, O., Hache, G., et al. (2012). Is baclofen a revolutionary medication in alcohol addiction management? Review and recent updates. *Subst Abus,* 33(4), 336–349. doi:10.1080/08897077.2012.663326
- Liu, J., Nie, J. & Wang, Y. (2017). Effects of group counseling programs, cognitive behavioral therapy, and sports intervention on internet addiction in East Asia: a systematic review and meta-analysis. *Int J Environ Res Public Health,* 14(12). doi:10.3390/ijerph14121470

聚焦1　借助同伴的影响力

美国成瘾率的惊人增长引发了对成瘾治疗专家的巨大需求。一些地区（比如宾夕法尼亚州的利哈伊谷）认证的康复辅导员的人数增加了500%。经过认证的康复辅导员是那些自己从成瘾中成功实现长期康复的人。在完成超过50小时与康复管理有关的相关强化培训后，已认证的康复辅导员可以通过自身康复经验和训练来帮助更多有需要的人。宾夕法尼亚州的这个培训项目成立于2008年，而今天，美国各地都有类似的同伴咨询项目。

康复辅导员与提供必要治疗的医疗专家一起帮助成瘾者康复。康复辅导员利用自己的康复经验，为患者从治疗到回归社会的过渡期间提供帮助（图S9.1）。他们在就业、住房和教育等实际问题中提供指导。在利哈伊谷，每个康复辅导员最多可帮助30名患者。

图S9.1　同伴康复辅导员提供了不一样的治疗视角。

同伴咨询项目的好处是互惠的。为他人提供帮助和管理他人的功能需求的过程也激励着康复辅导员对自己保持同样的期望。简而言之，当他们鼓励患者抵制使用物质的冲动时，他们也很好地抵制使用物质的冲动。看到其他人通过这个项目克服了成瘾，康复辅导员会受到激励并保持继续为患者提供援助的动力。

> **聚焦2　法律法规和成瘾治疗费用的平衡**
>
> 　　美国卫生与公共服务部（US Department of Health and Human Services）估计，在2015年，在公共卫生和社会服务方面耗资550亿美元用于阿片类药物的流行，耗资200亿美元用于阿片类药物中毒的急诊和住院治疗。美国疾病控制和预防中心提供的数据显示，美国阿片类药物相关死亡率从2010年的8%升至2015年的25%。鉴于美国阿片类药物相关死亡率呈上升趋势，阿片类药物中毒治疗费用预计将继续上升，这将导致医疗保健领域面临巨大的经济压力。例如，《平价医疗法案》（Affordable Care Act）将医疗补助中成瘾医疗服务的预算削减，导致了2018年在马里兰州进行的成瘾治疗期间的治疗依从性和戒断的药物毒理学测试因此中止。马里兰州医疗补助计划（Maryland Medicaid program）声称已将3.15亿美元预算中的23%用于物质滥用治疗。大多数立法者承认阿片类药物的流行，并主张建立更多的药物治疗中心，却受到相关费用问题的阻碍。诸如印第安纳州等地区的立法者已经通过私人基金会来资助并建立更多的治疗中心，并将此方法作为一种替代方案。此外，一个参议院委员会正在考虑一项法案，如果毒贩的客户死于吸毒过量，该法案将对该毒贩实施更严厉的惩罚。
>
> 　　尽管治疗成瘾的费用很高，但为最大限度增加治疗机会的立法已经落地。2017年，参议院通过了《杰西法案》（Jessie's Law）[①]，确保临床医生掌握患者物质滥用史。这部众议院通过的法案将使被指控犯有轻罪的人在监狱中获得药物治疗，降低药师的认证难度，为治疗纳洛酮（naloxone）等药物过量提供资金，并研究基于诊室的治疗方案是否应该获得许可。

参考文献

Aharonovich, E., Hasin, D. S., Brooks, A. C., *et al.* (2006). Cognitive deficits predict low treatment retention in cocaine dependent patients. *Drug Alcohol Depend,* 81(3), 313–322. doi:10.1016/j.drugalcdep.2005.08.003

Aharonovich, E., Brooks, A. C., Nunes, E. V. & Hasin, D. S. (2008). Cognitive deficits in marijuana users: effects on motivational enhancement therapy plus cognitive behavioral therapy treatment outcome. *Drug Alcohol Depend,* 95(3), 279–283. doi:10.1016/j. drugalcdep.2008.01.009

---

① 《杰西法案》是以杰西卡·格拉布（Jessica Grubb）的名字命名的。杰西卡先前有阿片类药物成瘾经历，但已从滥用中逐渐康复过来。在她接受手术后，她的住院医生没有收到关于她的阿片类药物使用史，错误地开了50片羟考酮（oxycodone）的处方让她出院。杰西服药过量，当晚就去世了。

Balleine, B. W., Delgado, M. R. & Hikosaka, O. (2007). The role of the dorsal striatum in reward and decision-making. *J Neurosci,* 27(31), 8161–8165. doi:10.1523/JNEUROSCI.1554-07.2007

Bickel, W. K., Yi, R., Landes, R. D., Hill, P. F. & Baxter, C. (2011). Remember the future: working memory training decreases delay discounting among stimulant addicts. *Biol Psychiatry,* 69(3), 260–265. doi:10.1016/j.biopsych.2010.08.017

Boeijinga, P. H., Parot, P., Soufflet, L., et al. (2004). Pharmacodynamic effects of acamprosate on markers of cerebral function in alcohol-dependent subjects administered as pretreatment and during alcohol abstinence. *Neuropsychobiology,* 50(1), 71–77. doi:10.1159/000077944

Carroll, K. M., Kiluk, B. D., Nich, C., et al. (2011). Cognitive function and treatment response in a randomized clinical trial of computer-based training in cognitive-behavioral therapy. *Subst Use Misuse,* 46(1), 23–34. doi:10.3109/10826084.2011.521069

Chen, A. C., Morgenstern, J., Davis, C. M., et al. (2013). Variation in muopioid receptor gene (OPRM1) as a moderator of naltrexone treatment to reduce heavy drinking in a high functioning cohort. *J Alcohol Drug Depend,* 1(1), 101.

Costello, M. R., Mandelkern, M. A., Shoptaw, S., et al. (2010). Effects of treatment for tobacco dependence on resting cerebral glucose metabolism. *Neuropsychopharmacology,* 35(3), 605–612. doi:10.1038/ npp.2009.165

Feldstein Ewing, S. W., Filbey, F. M., Sabbineni, A., Chandler, L. D. & Hutchison, K. E. (2011). How psychosocial alcohol interventions work: a preliminary look at what FMRI can tell us. *Alcohol Clin Exp Res,* 35(4), 643–651. doi:10.1111/j.1530-0277.2010.01382.x

Feldstein Ewing, S. W., Yezhuvath, U., Houck, J. M. & Filbey, F. M. (2014). Brain-based origins of change language: a beginning. *Addict Behav,* 39(12), 1904–1910. doi:10.1016/j.addbeh.2014.07.035

Johnson, T. S. (2010). A brief review of pharmacotherapeutic treatment options in smoking cessation: bupropion versus varenicline. *J Am Acad Nurse Pract,* 22(10), 557–563. doi:10.1111/j.1745-7599.2010.00550.x

Kable, J. W. & Glimcher, P. W. (2007). The neural correlates of subjective value during intertemporal choice. *Nat Neurosci,* 10(12), 1625–1633. doi:10.1038/nn2007

Kober, H., Kross, E. F., Mischel, W., Hart, C. L. & Ochsner, K. N. (2010). Regulation of craving by cognitive strategies in cigarette smokers. *Drug Alcohol Depend,* 106(1), 52–55. doi:10.1016/j.drugalcdep.2009.07.017

Konova, A. B., Moeller, S. J. & Goldstein, R. Z. (2013). Common and distinct neural targets of treatment: changing brain function in substance addiction. *Neurosci Biobehav Rev,* 37(10), 2806–2817. doi:10.1016/j.neubiorev.2013.10.002

Lewis, C. C., Simons, A. D., Silva, S. G., *et al.* (2009). The role of readiness to change in response to treatment of adolescent depression. *J Consult Clin Psychol,* 77(3), 422–428. doi:10.1037/a0014154

Li, Q., Wang, Y., Zhang, Y., *et al.* (2013). Assessing cue-induced brain response as a function of abstinence duration in heroin-dependent individuals: an event-related fMRI study. *PLoS One* 8(5): e62911. doi:10.1371/journal.pone.0062911

Loughead, J., Ray, R., Wileyto, E. P., *et al.* (2010). Effects of the $\alpha_4\beta_2$ partial agonist varenicline on brain activity and working memory in abstinent smokers. *Biol Psychiatry,* 67(8), 715–721. doi:10.1016/j. biopsych.2010.01.016

McLellan, A. T., Lewis, D. C., O'Brien, C. P. & Kleber, H. D. (2000). Drug dependence, a chronic medical illness: implications for treatment, insurance, and outcomes evaluation. *JAMA,* 284(13), 1689–1695. doi:10.1001/jama.284.13.1689

National Institute on Drug Abuse (2018). Treatment approaches for drug addiction. Available at: www.drugabuse.gov/publications/drugfacts/ treatment-approaches-drug-addiction (accessed November 11, 2018).

Ooteman, W., Naassila, M., Koeter, M. W., *et al.* (2009). Predicting the effect of naltrexone and acamprosate in alcohol-dependent patients using genetic indicators. *Addict Biol,* 14(3), 328–337. doi:10.1111/j.1369-1600.2009.00159.x

Potenza, M. N., Sofuoglu, M., Carroll, K. M. & Rounsaville, B. J. (2011). Neuroscience of behavioral and pharmacological treatments for addictions. *Neuron,* 69(4), 695–712. doi:10.1016/j.neuron.2011.02.009

Skinner, M. D., Lahmek, P., Pham, H. & Aubin, H. J. (2014). Disulfiram efficacy in the treatment of alcohol dependence: a meta-analysis. *PLoS One,* 9(2), e87366. doi:10.1371/journal.pone.0087366

Sofuoglu, M. & Carroll, K. M. (2011). Effects of galantamine on cocaine use in chronic cocaine users. *Am J Addict,* 20(3), 302–303. doi:10.1111/ j.1521-0391.2011.00130.x

Sofuoglu, M., DeVito, E. E., Waters, A. J. & Carroll, K. M. (2013). Cognitive enhancement as a treatment for drug addictions. *Neuropharmacology,* 64, 452–463. doi:10.1016/j.neuropharm.2012.06.021

Teklezgi, B. G., Pamreddy, A., Baijnath, S., *et al.* (2018). Time-dependent regional brain distribution of methadone and naltrexone in the treatment of opioid addiction. *Addict Biol,* in press. doi:10.1111/ adb.12609

Verdejo-Garcia, A., Betanzos-Espinosa, P., Lozano, O. M., *et al.* (2012). Self-regulation and treatment retention in cocaine dependent individuals: a longitudinal study. *Drug Alcohol Depend,* 122(1–2), 142–148. doi:10.1016/j.drugalcdep.2011.09.025

Vogeler, T., McClain, C. & Evoy, K. E. (2016). Combination bupropion SR and varenicline for smoking cessation: a systematic review. *Am J Drug Alcohol Abuse,* 42(2), 129–139. doi:10.3109/00952990.2015.1117480

Wexler, B. E., Anderson, M., Fulbright, R. K. & Gore, J. C. (2000). Preliminary evidence of improved verbal working memory performance and normalization of task-related frontal lobe activation in schizophrenia following cognitive exercises. *Am J Psychiatry,* 157(10), 1694–1697. doi:10.1176/appi.ajp.157.10.1694

第10章
结论

学习目标

- 能够总结神经科学研究如何促进我们理解成瘾。
- 能够理解可识别的风险因素如何推动预测和干预措施的发展。
- 能够描述导致个体对精神活性物质敏感性差异的内表型。
- 理解男性和女性在成瘾临床表现上的差异。
- 能够解释神经科学研究在成瘾方面的局限性和未来需求。

引言

正如第1章和第9章所讨论的,成瘾造成的社会影响导致人们将成瘾污名化,认为成瘾是一个社会问题。这种公众舆论可能源自成瘾所带来的越来越明显的社会负担,而对于患者个人来说,他们因为成瘾而遭受的痛苦往往被忽视。例如,在美国,由于与成瘾有关的犯罪、丧失工作生产力以及社会援助,大约花费了670亿美元。这种对成瘾的污名化在医疗机构中一直存在,并且在这些医疗机构中,相关的培训课程很少或不强调与成瘾治疗有关的方案。因此,医学实践很少评估与物质有关的潜在问题,而这反过来又导致不良预后。虽然在前几章讨论到了目前尚无对物质使用障碍或成瘾进行诊断的实验室测试或生物标记物(见第1章,了解有关诊断标准),但神经科学研究已经验证了成瘾的操作性定义。事实上,随着体内人体成像技术(in vivo human imaging techniques)的发展,神经科学研究已经为我们提供了可观察到的有关成瘾症状的神经生物学基础知识。这为我们提供了一种机制,我们可以通过这种机制开发有效的治疗方法并预测结果。总而言之,神经科学研究已经发现了非常复杂的神经生物学框架,该框架与成瘾复杂的行为后遗症相似。随着我们对这些复杂过程理解的加深,成瘾的神经科学将继续发展,而理解这些神经生物学过程和调节因素之间的相互作用也同等重要。

并不是每个吸毒和酗酒的人都会上瘾。事实上，相对于吸毒和酗酒的总人数而言，成瘾的发生率是相对较低的。例如，在那些尝试过可卡因的人中，只有17%的人会成瘾；喝酒的人中约有15%的人会酗酒成瘾；而尝试吸烟的人中有30%的人会对尼古丁成瘾。是什么使一些人比其他人更脆弱？是什么机制增加了他们的大脑对物质的精神活性作用的敏感性？行为学和遗传学研究提供了有关这些发病率的一些信息。导致成瘾易感性的个体因素很复杂，目前尚未得到充分阐明。本章将讨论关于这些因素如何调节对物质反应的神经科学发现。

风险决策有助于更好地预防和干预

风险因素被定义为增加一个人成瘾可能性的特征。这些因素可能来自生理、心理、社会或环境。人们普遍认为，与成瘾发展有关的主要危险因素之一是从青少年时期开始就使用毒品。发育神经科学研究认为，负责决策和抑制控制的前额叶网络连接在青春期迅速成熟，这使得青少年的大脑更容易受到精神活性物质（psychoactive substances）的影响。从青春期到成年期，重要的神经成熟过程是通过白质和灰质发展来完善局部和整体神经系统，从而改善高级认知能力（Casey et al., 2005）。一般来说，在青春期和青年期，灰质减少、皮质变薄与白质体积和组织的增加相一致，提示突触修剪和轴突髓鞘形成（见第1章）（Giorgio et al., 2010; Gogtay et al., 2004; Hasan et al., 2007; Lebel et al., 2010; Shaw et al., 2008）。在青少年时期接触精神活性物质会破坏高级关联区域（如皮质纹状体网络）之间的联系（Wierenga et al., 2016）。

在神经发育的关键时期，早期的生活压力也会增加日后成瘾的风险。应激诱导下丘脑（hypothalamus）释放中枢促肾上腺皮质激素释放因子（central corticotropin-releasing factor），并与脑垂体（pituitary）中的促肾上腺皮质激素释放因子受体（corticotropin-releasing factor receptors）结合。脑垂体的这种相互作用刺激β-内啡肽（β-endorphin）和促肾上腺皮质激素（adrenocorticotropic hormone）等活性肽（active peptides）的产生，这些活性肽通过血液输送到肾上腺（adrenal gland），诱导糖皮质激素（glucocorticoids）的分泌。然后，糖皮质激素通过血液运输到大脑，在大脑中，它们除了参与生理应激反应（比如升高血压和血糖水平），还作用于包括多巴胺能奖赏系统在内的许多信号系统（见第6章，了解更多与压力相关的神经适应信息）。因此，在神经发育过程中，这种与压力相关的奖赏系统调节可能会破坏奖赏系统的成熟过程。事实上，对大鼠进行的临床前研究表明，早期生活压力与中脑回路（midbrain circuitry）失调有关（Chocyk et al., 2015），与奖赏相关行为的功能障碍有关（见

"聚焦 1"板块中有关压力和成瘾之间相互作用的内容）。

成瘾的内表型

来自家庭、收养和双胞胎的研究都强有力地证明了遗传因素在成瘾发展过程中的作用（Ducci & Goldman, 2012）。图 10.1 说明了 10 种成瘾的遗传率，表明几乎所有成瘾都至少有 40% 的遗传率，其中致幻剂的遗传率（39%）最低、可卡因的遗传率（72%）最高。神经科学研究的一个特定领域被称为成像遗传学（imaging genetics），利用成瘾遗传学研究的知识来确定与成瘾相关的神经信号通路的变异来源。具体来说，遗传变异（genetic variability）与人类体内神经成像方法（human in vivo neuroimaging method，比如血氧水平依赖 fMRI、药理学 fMRI 以及多峰 PET/fMRI）收集到的神经生物学过程相关。哈里里（Hariri）的一项研究（2009）阐明了如何将遗传变异与复杂特征（比如性格和气质）的神经生物学联系起来，从而确定个体的风险变异性，这可以作为成瘾易感性的一项重要预测指标（见图 10.2）。在这个例子中，杏仁核反应可以预测抑郁症的遗传风险（HTR1A-1019 G 等位基因，其功能意义是增强 5-HT 信号传导）和可预测抑郁症的特质焦虑之间的关联。这种遗传机制和行为表现之间的联系或中间表现被称为内表型（endophenotype）。

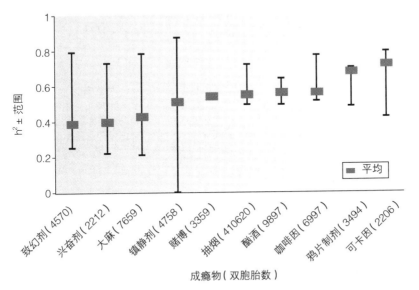

图10.1 基于对成年双胞胎进行的大规模调查得出的10种成瘾的遗传率（h^2：加权平均值和范围）。
（摘自 Ducci & Goldman, 2012.; 改编自 Goldman et al., 2005. © 2005 Springer Nature, USA.）

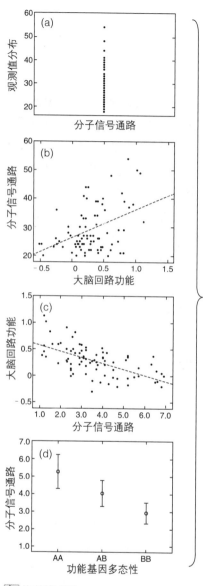

图10.2 互补技术的整合。(e) 可以用来揭示复杂行为特征中个体差异的神经生物学机制。具体来说，与抑郁症相关的特质焦虑（a）可能与杏仁核反应（b，通过fMRI）有关，然后可将其与5-HT信号传导（c，通过PET）联系起来，并与HTR1A-1019G等位基因（d）的变异性相关。

（摘自 Hariri, 2009. © 2009 Annual Reviews, USA.）

精神病遗传学中的内表型概念是由戈特斯曼（Gottesman）和希尔兹（Shields）（1972）提出的，目的是解决遗传学发现的可重复性差的问题，以及根据精神分裂症诊断标准确定基本病因。他们将这一概念定义为位于基因和疾病发生之间途径上的内部表现型，其变化取决于更少的基因变异而非更复杂的疾病表现型，如图10.3所示。从本质上来看，内表型应该更易于进行遗传分析。因此，神经科学研究的重点是识别使个体倾向于强迫性药物使用的内表型，以便更好地识别遗传机制和生物学途径，并确定风险相关基因的功能后果。

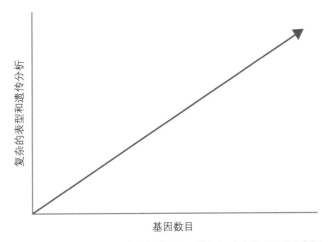

图10.3　内表型存在于遗传机制和可观察行为之间的因果路径。

（作者重绘，根据Gottesman & Gould, 2003.）

如图10.4所示，兰格斯瓦米（Rangaswamy）和波尔杰斯（Porjesz）（2008）提出，脑电图振荡是酒精使用障碍有价值的内表型。他们发现，P3反应所依据的θ（3—7 Hz）事件相关振荡与酒精使用障碍患者及其未受影响的亲属相关，并且与γ-氨基丁酸能、胆碱能和谷氨酸能基因（分别为GABRA2、CHRM2和GRM8）相关。这些振荡反映了联想和整合的大脑功能之间的联系。

使用fMRI的研究进一步揭示了抑制性GABA α 2受体亚基（GABRA2）基因与酒精使用障碍的联系。具体来说，维拉菲尔特（Villafuerte）等人（2011）发现，在预期获得金钱奖赏期间，岛叶皮层激活的增加与冲动性测量和酒精使用障碍的风险标记有关。如沙赫特（Schacht）等人（2012）所证明的那样，大脑结构也可能是一种有用的内表型（图10.5）。他们的研究表明，大麻素受体1（CNR1）基因、海马体积和大麻使用之间存在相互作用，携带风险基因（CNR1 G）的大麻使用者的海马体积比对照组的小。

这些内表型可以用作预防方法，其中可能包括亲社会和认知支持，以改善决策和抑制控制过程，从而更好地避免风险行为。这些策略对高危人群来说尤其有用，特别是有成瘾

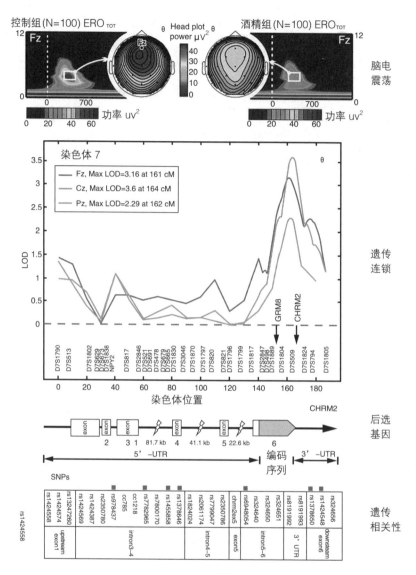

图10.4 脑电图振荡可能是对酒精使用障碍有用的内表型。

(摘自 Rangaswamy & Porjesz, 2008; 彩色版本请扫描附录二维码查看。)

家族史、同辈吸毒影响、外在化和风险行为、精神障碍等的青少年。在治疗方面，风险因素可能加剧成瘾症状。因此，治疗方法应强调识别和管理这些易损伤的机制。全面的认知评估有助于从导致成瘾的风险因素中识别出更明显的认知障碍。了解每个人的认知概况可以更好地使用有针对性的策略，从而支持对具有特定风险因素的患者的治疗。

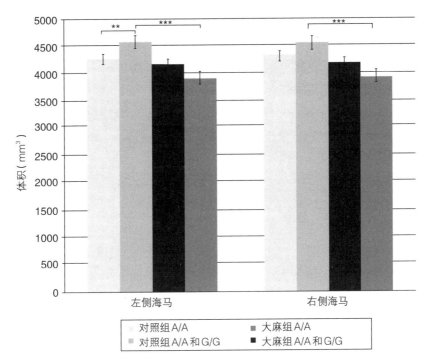

图 10.5 脑容量的变化可能是大麻使用障碍的一种内表型。该图显示，根据基因型，大麻使用者和匹配的健康对照组的双侧海马体积存在显著差异。*P≤0.05 表示组间和基因型间的相互作用；**P≤0.01；***P≤0.001。

（摘自 Schacht et al., 2012.）

成瘾的性别差异

我们现在迫切需要更好地了解男性和女性对药物的不同反应的机制。了解这些差异有助于提供更有效的治疗，并通过调节影响治疗效果的激素来开发新的治疗方法。成瘾的行为发展方面存在性别差异，其中女性比男性升级得更快，并经历更严重的戒断症状。例如，雌性大鼠的条件位置偏好阈值比雄性小，并且对药物条件性刺激更敏感。研究人员在大脑功能方面也观察到了性别差异。成瘾相关线索反应的 fMRI 显示，女性的纹状体、海马、杏仁核和外侧眶额皮层对线索的反应要强于男性（Wetherill et al., 2015）。这些结果突出了男性和女性在奖赏处理上的差异。

除了性别差异，激素对药物反应的影响也受到关注。女性的主观情绪在月经周期期间是波动的，因此研究人员在卵泡期观察到女性对可卡因等药物的反应更大，而该反应在黄体期则减少。临床前研究还显示，雌二醇水平的作用会使其恢复，但会被黄体酮减弱。发情周期也会影响刺激物对精神运动行为的影响（Bobzean et al., 2014）。

研究表明，导致成瘾的性别差异的主要机制可能是激素和多巴胺功能之间的相互作用。首先，有一些基本的区别。据报道，女性的多巴胺水平低于男性，这可能导致女性有更强烈的冲动、更容易成瘾。男性的纹状体多巴胺受体（striatal dopamine receptors）比女性的多10%，并且纹状体中多巴胺的释放量也比女性多。其次，雌二醇（estradiol）的作用也存在性别二态性（sexual dimorphism）。雌二醇直接刺激纹状体中多巴胺的释放、减少了女性多巴胺受体D_2与多巴胺的结合，但雌二醇对男性则没有影响。

因果关系问题

神经异常是成瘾的先兆，使个体更容易受到物质的影响，还是物质对大脑产生了直接影响？这是成瘾神经科学的一个重要问题。为了解决这个重要的问题，理想情况下的研究应该评估接触物质前后关键的大脑反应和处理过程。然而，这样的研究是困难且昂贵的。因此，目前只有少量的纵向研究可供我们借鉴。其中一项研究是达尼丁多学科健康和发展研究（Dunedin multidisciplinary health and development study），通常被称为达尼丁纵向研究（Dunedin longitudinal study）。该研究对1972年4月至1973年3月在新西兰达尼丁出生的1037人的长期出生队列进行了评估。这项研究的结果表明，在青少年时期开始每日吸食大麻的人患精神病的风险较高，且其认知能力会下降，例如该人群从11岁到38岁评估的智商降低了8分（图10.6）（Meier et al., 2012）。

一般结论

通过转化动物药物成瘾模型，神经科学研究取得了重要发现，为研究人类药物成瘾的神经生物学提供了基础，推进我们对成瘾作为一种大脑疾病的认识。这些研究为神经生物学框架提供了经验证据，以支持从行为研究中收集到的概念。神经科学研究通过识别在奖赏、动机和抑制控制基础上，调控奖赏过程的生物途径，为预防和干预策略的制定提供了多个切入点。神经科学研究也揭示了渴求和戒断行为症状背后的生物过程。通过这些研究，我们发现神经适应性是成瘾持续存在的基础，以及牵涉这些变化的广泛的大脑网络连接，特别是由多巴胺能投射神经支配的中脑皮层边缘多巴胺系统网络。这些研究还帮助我们了解了贯穿成瘾周期的动态变化，这些变化导致药物的正强化作用和戒断后的负强化作用。我们可以基于这些神经科学知识设计干预措施，以便通过已被证明是有益的行为和药理学方法靶向和修复特定的大脑通路。通过神经科学研究，我们能够对发生在遗传机制和成瘾表达之间的事件进行三角剖析，从而更好地了解增加成瘾风险的因素以及可能预防成瘾的

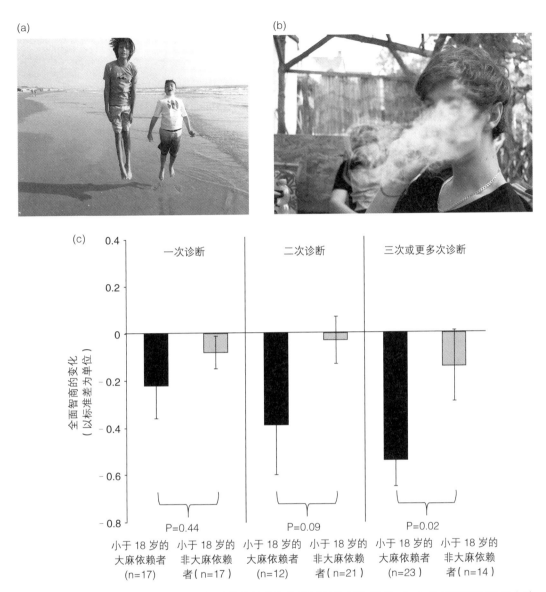

图 10.6 （a）出生队列设计。（b）这项前瞻性研究包括开始饮酒和吸毒。（c）达尼丁研究对出生队列进行了前瞻性、纵向设计，发现从童年到成年的全面智商（以标准差为单位）发生了变化。青少年时期开始吸食大麻的人（黑色柱）比成年时期开始吸食大麻的人（灰色柱）智商下降更大。

[摘自:（b）https://pixabay.com/en/weed-smoke-drug-marijuana-joint-837125/;（c）Meier et al., 2012.]

因素。

当前的知识还远远不足以支持我们理解这些过程，因此我们还有很长的路要走。这本书的"聚焦"板块重点介绍了一些目前在社会上具有重要意义的知识空缺。关于倡导如何帮助改变和消除与成瘾污名化的示例，请参见"聚焦2"板块。

本章总结

- 神经科学技术的进步为我们理解成瘾是一种大脑疾病铺平了道路。
- 神经成像学技术具有测量大脑电生理、功能、结构和生化组成的能力。
- 脑成像技术为大脑结构和功能与成瘾行为症状之间的联系提供了证据。
- 了解成瘾行为症状背后的神经机制对于确定治疗干预的潜在靶点很重要。
- 物质滥用障碍中的多巴胺失调受生物性别和激素水平的影响。

回顾思考

- 风险因素是如何使大脑易于成瘾的？
- 识别成瘾的内表型有什么好处？
- 男性和女性对药物反应差异的背后机制是什么？

拓展阅读

- Abasi, I. & Mohammadkhani, P. (2016). Family risk factors among women with addiction-related problems: an integrative review. *Int J High Risk Behav Addict,* 5(2), e27071. doi:10.5812/ijhrba.27071
- Buckland, P. R. (2008). Will we ever find the genes for addiction? *Addiction,* 103(11), 1768–1776. doi:10.1111/j.1360-0443.2008.02285.x
- Ducci, F. & Goldman, D. (2008). Genetic approaches to addiction: genes and alcohol. *Addiction,* 103(9), 1414–1428. doi:10.1111/j.1360-0443.2008.02203.x
- Feldstein Ewing, S. W., Filbey, F. M., Loughran, T. A., Chassin, L. & Piquero, A. R. (2015). Which matters most? Demographic, neuropsychological, personality, and situational factors in long-term marijuana and alcohol trajectories for justice-involved male youth. *Psychol Addict Behav,* 29(3), 603–612. doi:10.1037/adb0000076
- Filbey, F. M., Schacht, J. P., Myers, U. S., Chavez, R. S. & Hutchison, K. E. (2010). Individual and additive effects of the CNR1 and FAAH genes on brain response to marijuana cues. *Neuropsychopharmacology,* 35(4), 967–975. doi:10.1038/npp.2009.200
- Ketcherside, A., Baine, J. & Filbey, F. (2016). Sex effects of marijuana on brain structure and function. *Curr Addict Rep,* 3, 323–331. doi:10.1007/s40429-016-0114-y
- Konova, A. B., Moeller, S. J., Parvaz, M. A., et al. (2016). Converging effects of cocaine addiction and sex on neural responses to monetary rewards. *Psychiatry Res,* 248, 110–118. doi:10.1016/j.pscychresns.2016.01.001

- McCrory, E. J. & Mayes, L. (2015). Understanding addiction as a developmental disorder: an argument for a developmentally informed multilevel approach. *Curr Addict Rep,* 2(4), 326–330. doi:10.1007/s40429-015-0079-2
- Morrow, J. D. & Flagel, S. B. (2016). Neuroscience of resilience and vulnerability for addiction medicine: from genes to behavior. *Prog Brain Res,* 223, 3–18. doi:10.1016/bs.pbr.2015.09.004
- Prashad, S., Milligan, A. L., Cousijn, J. & Filbey, F. M. (2017). Cross-cultural effects of cannabis use disorder: evidence to support a cultural neuroscience approach. *Curr Addict Rep,* 4(2), 100–109. doi:10.1007/s40429-017-0145-z
- Puetz, V. B. & McCrory, E. (2015). Exploring the relationship between childhood maltreatment and addiction: a review of the neurocognitive evidence. *Curr Addict Rep,* 2(4), 318–325. doi:10.1007/s40429-015-0073-8

聚焦1　压力和成瘾之间的关系

谢默斯·麦克唐纳（Seamus McDonald）目睹父母被枪杀时只有2.5岁。这一创伤性事件不仅在那一刻瞬间改变了他的生活，而且戏剧性地改变了他的人生轨迹。麦克唐纳是一位负责任的公民，也是一位父亲，但当他加入一个帮助暴力受害者的组织时，这段经历触发了他童年时期根深蒂固的创伤。他开始使用大麻来"治疗"因父母被谋杀而造成的创伤后应激障碍（post-traumatic stress disorder，PTSD）。

美国儿科学会（American Academy of Pediatrics）现在认识到，毒性应激是行为问题和童年时期所承受的压力或创伤之间的中介机制。毒性应激导致多种生物系统发生变化，从而导致童年和成年期行为和健康问题的巨大改变，例如PTSD和成瘾（见图S10.1）。

图S10.1　创伤后应激障碍（PTSD）。

（摘自www.pexels.com/photo/adult-alone-black-and-white-dark-551588/）

> PTSD患者报告称，大麻比处方药能以更少的副作用来缓解症状。迄今为止，我们所知道的大多数情况都是基于轶事证据（anecdotal evidence）。对大麻治疗效果的研究受到联邦政策的阻碍，尤其是将大麻归类为2017年药物一览表中附表1的一种药物。对于一些研究人员来说，要先克服这些障碍才能解答急需解决的问题。

聚焦2 一名摇滚歌手与成瘾的斗争

2018年2月，音乐人弗利（Flea）在《时代》杂志的一篇名为《毒品的诱惑是件棘手的事》（*The Temptation of Drugs is a Bitch*）的社论中披露了他与成瘾的斗争（http://time.com/5168435/flea-temptation-drug-addiction-opioid-crisis/）。弗利是摇滚乐队"红辣椒"（Red Hot Chili Peppers）的首席贝斯手，他坦率地描述了自己的亲身生活经历，这些经历导致了他的物质滥用和成瘾，但最终他成功戒除成瘾并恢复健康。他说，从婴儿期起，毒品就一直是他生活中的一个固定组成部分，他还描述了目睹所爱之人因吸毒而悲惨地离开人世。他详细地描述了作为一名父亲的责任在他与疾病的斗争中发挥了重要作用，直至后来帮助他战胜了疾病。除了个人动机之外，他还将自己的戒断成功归因于咨询、冥想、锻炼和精神指导等一系列的支持条件。最后，他声称承认并接受成瘾带来的挑战"帮助我远离了毒品的诱惑"。他暗示了这种疾病的慢性性质，并补充道："它总是在那里，引诱你，但你要头脑清醒。"正如他反复描述的那样，患者在面对严重的焦虑时要学会使自己保持清醒。

鉴于目前美国阿片类药物的流行，他回顾了自己在阿片类药物方面的经历，并直言不讳地谈论了医疗界在这场危机中所扮演的角色（请见第9章"聚焦"板块，了解法律法规是如何解决阿片类药物危机的）。他举例说，在手臂骨折后，他的医生给他开了过量的羟考酮（奥施康定），在他出院后给他开了2个月的药，并要求他每天最多服用4片。他描述了奥施康定如何减轻了他身体的疼痛，但同时也削弱了他个人和职业活动的能力。尽管弗利在使用不到2个月就不再服用奥施康定，但他的亲身经历让他了解到我们对疼痛管理知之甚少，并意识到我们目前对疼痛管理的方法需要如何改进。

参考文献

Bobzean, S. A., DeNobrega, A. K. & Perrotti, L. I. (2014). Sex differences in the neurobiology of drug addiction. *Exp Neurol,* 259, 64–74. doi:10.1016/j.expneurol.2014.01.022

Casey, B. J., Tottenham, N., Liston, C. & Durston, S. (2005). Imaging the developing brain: what have we learned about cognitive development? *Trends Cogn Sci,* 9(3), 104–110. doi:10.1016/j.tics.2005.01.011

Chocyk, A., Majcher-Maslanka, I., Przyborowska, A., Mackowiak, M. & Wedzony, K. (2015). Early-life stress increases the survival of midbrain neurons during postnatal development and enhances reward-related and anxiolytic-like behaviors in a sex-dependent fashion. *Int J Dev Neurosci,* 44, 33–47. doi:10.1016/j.ijdevneu.2015.05.002

Ducci, F. & Goldman, D. (2012). The genetic basis of addictive disorders. *Psychiatr Clin North Am,* 35(2), 495–519. doi:10.1016/j.psc.2012.03.010

Giorgio, A., Watkins, K. E., Chadwick, M., et al. (2010). Longitudinal changes in grey and white matter during adolescence. *Neuroimage,* 49(1), 94–103. doi:10.1016/j.neuroimage.2009.08.003

Gogtay, N., Giedd, J. N., Lusk, L., et al. (2004). Dynamic mapping of human cortical development during childhood through early adulthood. *Proc Natl Acad Sci USA,* 101(21), 8174–8179. doi:10.1073/pnas.0402680101

Goldman, D., Oroszi, G. & Ducci, F. (2005). The genetics of addictions: uncovering the genes. *Nat Rev Genet,* 6(7), 521–532. doi:10.1038/nrg1635

Gottesman, I. I. & Gould, T. D. (2003). The endophenotype concept in psychiatry: etymology and strategic intentions. *Am J Psychiatry,* 160(4), 636–645. doi:10.1176/appi.ajp.160.4.636

Gottesman, I. I. & Shields, J. (1972). *Schizophrenia and Genetics; a Twin Study Vantage Point.* New York: Academic Press.

Hariri, A. R. (2009). The neurobiology of individual differences in complex behavioral traits. *Annu Rev Neurosci,* 32, 225–247. doi:10.1146/annurev.neuro.051508.135335

Hasan, K. M., Sankar, A., Halphen, C., et al. (2007). Development and organization of the human brain tissue compartments across the lifespan using diffusion tensor imaging. *Neuroreport,* 18(16), 1735–1739. doi:10.1097/WNR.0b013e3282f0d40c

Lebel, C., Caverhill-Godkewitsch, S. & Beaulieu, C. (2010). Age-related variations of white matter tracts. *Neuroimage,* 52(1), 20–31. doi:10.1016/j.neuroimage.2010.03.072

Meier, M. H., Caspi, A., Ambler, A., et al. (2012). Persistent cannabis users show neuropsychological decline from childhood to midlife. *Proc Natl Acad Sci USA,* 109(40), E2657–E2664. doi:10.1073/pnas.1206820109

Rangaswamy, M. & Porjesz, B. (2008). Uncovering genes for cognitive (dys) function and predisposition for alcoholism spectrum disorders: a review of human brain oscillations as effective endophenotypes. *Brain Res,* 1235, 153–171. doi:10.1016/j.brainres.2008.06.053

Schacht, J. P., Hutchison, K. E. & Filbey, F. M. (2012). Associations between cannabinoid receptor-1 (*CNR1*) variation and hippocampus and amygdala volumes in heavy cannabis users. *Neuropsychopharmacology,* 37(11), 2368–2376. doi:10.1038/npp.2012.92

Shaw, P., Kabani, N. J., Lerch, J. P., et al. (2008). Neurodevelopmental trajectories of the human cerebral cortex. *J Neurosci,* 28(14), 3586–3594. doi:10.1523/JNEUROSCI.5309-07.2008

Villafuerte, S., Heitzeg, M. M., Foley, S., et al. (2012). Impulsiveness and insula activation during reward anticipation are associated with genetic variants in GABRA2 in a family sample enriched for alcoholism. *Mol Psychiatry,* 17(5), 511–519. doi:10.1038/mp.2011.33

Wetherill, R. R., Jagannathan, K., Hager, N., Childress, A. R. & Franklin, T. R. (2015). Sex differences in associations between cannabis craving and neural responses to cannabis cues: implications for treatment. *Exp Clin Psychopharmacol,* 23(4), 238–246. doi:10.1037/pha0000036

Wierenga, L. M., van den Heuvel, M. P., van Dijk, S., et al. (2016). The development of brain network architecture. *Hum Brain Mapp,* 37(2), 717–729. doi:10.1002/hbm.23062

附　录

（扫描下方二维码查看彩色插图）

术语表

准确性（Accuracy）——实验结果与实际的、真实的或正确的价值或表述的接近程度。

乙酸盐（Acetate）——由乙酸产生并由大脑中的胶质细胞代谢的一种盐。分子式：$CH_3CO_2^-$。

激活概率估计（Activation likelihood estimation）——一种用于确定基于坐标的特定脑区激活的算法，该算法来自多个研究和被试的神经成像数据。在评估许多不同实验的结果的趋同性方面特别适用。

激动剂（Agonist）——激活特定细胞受体的分子或配体。

变构（Allosteric）——通过非活性部位进行间接调节或控制。

无动机（Amotivation）——缺乏动力，源于疏离或情感或驱动力下降。

快感缺失（Anhedonia）——体验快乐的能力下降。

拮抗剂（Antagonist）——部分、完全或不可逆转地阻断受体激活的分子或配体。

食欲（Appetitiveness）——刺激物、物体或事件引起吸引人的反应的程度。

反向掩蔽（Backward masking）——一种刺激范式。在这种范式中，一个刺激被呈现出来，然后几乎立即被覆盖或隐藏。这个概念模型可用于研究时空处理、运动感知、反应时间等。

行为敏化（Behavior sensitization）——在反复使用和接触某种物质后，对该物质的运动刺激反应增加。

β频谱功率（β spectral power）——脑电信号中包含的β（频率约为13—30HZ）功率的强度。

生物标志物（Biomarkers）——一个广泛的生物或医学标志的子类别，可以客观地检查和量化，以表明对生物功能的正常、病理或药理影响。它们也可以表明疾病的结果、治疗的效果或环境中的化学品或营养物质的暴露。

大麻素（Cannabinoids）——天然存在或合成的化合物，可以调节内源性大麻素系统，激活体内的CB1和CB2受体。它们可以来源于植物（例如四氢大麻酚和大麻二酚），也可以由人体产生（例如花生四烯酸乙醇胺和2-花生酰基甘油）。

胆碱（Choline）——乙酰胆碱的分子前体，通常用于磁共振波谱（MRS）以确定脑瘤的存在。它在身体中还具有许多其他功能，包括神经递质的合成、细胞膜信号传递、液体转运和甲基代谢。

经典条件反射（Classical conditioning）——一种学习和记忆的机制，在这种机制中，人们将一个相关的刺激与一个不相关的刺激联系起来。通常是在反复暴露于两种刺激后发生。

认知行为模式（Cognitive behavioral model）——一种基于假设的理论，即心理过程可以影响情绪和行为（生理）反应。

认知行为疗法（Cognitive behavioral therapy，CBT）——一种旨在帮助患者认识、避免和应对他们最有可能滥用药物的情况的疗法。

计算机断层扫描（Computed tomography，CT）——一种计算机化的X射线成像，通过从一个解剖区域连续拍摄的许多单独的横断面X射线图像构建一个三维图像。主要用于神经科学中的神经系统结构测量。

应急管理（Contingency management，CM）——一种使用积极强化的方法，例如为保持戒毒、出席和参加咨询会议或按规定服用治疗药物的人提供奖励或特权。

渴求（Craving）——对使用或获得某种物质的强烈渴望。可能是持续的，也可能是随机发生的，或在出现与毒品有关的线索后发生的。

肌酸（Creatine）——一种在高能量需求下被细胞利用的氨基酸。这种代谢物通常是磁共振波谱（MRS）的目标物，用于检查人脑神经元的代谢活动。

线索反应（Cue reactivity）——对各种刺激的条件性反应（渴望），这些刺激与寻求毒品和吸食毒品的行为有关（自然或通过反复暴露）。

延迟折扣（Delayed discounting）——低估在延迟的时间段后收到的奖励或惩罚的倾向。这一概念被认为是个人倾向于选择较小的、较直接的奖励而不是需要等待时间才能得到的较大奖励的基本原则。

抑制剂（Depressant）——一种减缓中枢神经系统活动的物质，通常是通过激活GABA能神经元。这类物质包括镇静剂、安定剂和酒精。

弥散（Diffusivity）——一种物质在整个系统中传播（或扩散）能力的模式和性质。

多巴胺（Dopamine）——一种神经递质，普遍存在于调节运动、情绪、动机和奖励的大脑区域。

药物预期（Drug expectancy）——使用者预期的药物效果所产生的认知和感知结果。对这一现象的研究可以使人们对药物启动、强化和持续使用有深入的了解。

药物半衰期（Drug half-life）——血浆中的药物浓度或数量减少二分之一所需的时间。

抑郁症（Dysphoria）——无法从常见的非药物奖励中获得快乐的状态。

生态效度（Ecological validity）——实验结果反映到现实世界的情景或现象的程度。这表明一项研究和现实世界的事件的相关性。

付出回报计算（Effort-reward calculation）——在做决定时，对行动的能量成本（努力）与结果的利益（回报）进行的心理学计算。

脑电图（Electroencephalography，EEG）——一种记录大脑皮层神经元电导率的电生理技术。这种技术能够以高时间分辨率获得神经信息。

情绪调节（Emotion regulation）——一个人调节和改变自己情绪体验和表达的能力。

内表型（Endophenotype）——通过基因测试确定的遗传因素，与特定的行为、疾病或其他心理生理因素相关的普遍性。对内表型的检查被用来更好地评估精神疾病的基因环境相互作用。

病因学（Etiology）——医学上对某种疾病的原因和起源的追求。

兴奋性突触后电位（Excitatory post-synaptic potential，EPSP）——突触处神经元膜的电导率变化，增加了动作电位的可能性。

FBJ小鼠骨肉瘤病毒癌基因同源物B（FBJ murine osteosarcoma viral oncogene homolog B，FosB）——一种神经可塑性的重要转录因子。这个基因被认为在成瘾的转变中发挥重要作用。它被认为是成瘾性疾病中永久"打开"的隐喻"开关"概念背后的生物机制。

胎儿酒精综合征（Fetal alcohol syndrome）——一种影响饮酒母亲发育中的胚胎和胎儿的疾病。它的特点是明显的面部特征和发育问题。这些特征包括眼形异常、上颌骨发育不全、关节和手掌皱褶异常、心脏缺陷、出生后生长迟缓、发育迟缓、智力缺陷和中枢神经系统功能障碍。

最终的共同通路（Final common pathway）——中脑边缘多巴胺系统，主要负责奖励处理的神经回路，通常被称为"最终的共同通路"，因为所有的滥用物质都会在药理上影响这一神经通路。据推测，它是在成瘾中看到的奖赏系统功能障碍中受到影响的关键系统。

分数各向异性（Fractional anisotropy）——一种评估白质束和计算这些束在整个大脑中的扩散方向性的大小的方法。

葡萄糖代谢（Glucose metabolism）——葡萄糖是大脑的主要能量来源，由神经元和中枢神经系统其他细胞内的线粒体加工产生ATP。然后在整个细胞使用ATP来执行许多细胞功能。

致幻剂（Hallucinogens）——通常被称为迷幻剂。这些精神活性物质改变感知、情绪和其他认知功能。

快感定点（Hedonic set point）——反复使用物质后发生的神经系统改变，并沿着循环的路径继续下去，导致奖赏加工的"定点"降低，这意味着日常的奖励体验不再像以前那样令人愉快，导致继续使用物质以试图回到奖赏和快乐的原始"定点"。

遗传力（Heritability）——对一个群体中表型性状变异程度的评估，这种变异是由于该群体中个体之间的遗传变异造成的。

体内稳态（Homeostasis）——生物体将进行自我调节以保持其生物系统的稳定的生物学概念。

显著激励（Incentive salience）——一种将动机或"想要"与喜欢或对某种物质的奖励经历的记忆相区别的理论。它提出动机是成瘾的一个关键组成部分，主要负责赋予获得药物的重要性和激励性。

激励敏化（Incentive sensitization）——一种成瘾理论，认为药物引起的奖励系统中的神经系统改变会导致对药物的唤醒和接受及使用药物的动机增加。这导致病态地"想要"使用和获得药物，即使药物的愉悦效果保持不变。

吸入剂（Inhalants）——许多常见的家用产品（气体、液体、气溶胶和一些固体）中的挥发性物质（气体或蒸汽）。吸入通常被称为"闻""吸""包""喷"。

抑制性突触后电位（Inhibitory post-synaptic potential，IPSP）——突触处神经元膜的电导率变化，降低了动作电位的可能性。

内感（Interoception）——大脑通过处理对身体感觉、行为和认知的认识来构建自我感觉的能力。

中毒（Intoxication）——包括摄入大量物质后产生的行为、生理和认知方面的影响或改变。

颅内自刺激（Intracranial self-stimulation）——在实验动物中使用的一种实验方法，用于模拟给药的增强作用并产生多巴胺信号。通过手术将一个刺激电极放置在动物的大脑中，特别是在正中前脑束。动物可以选择拉动杠杆、按下按钮并接受对大脑该区域的小规模电刺激。

离子梯度（Ionic gradient）——细胞膜的生物化学概念，其中细胞膜通过被称为活性运输器的蛋白质分离带电离子（Na^+、K^+、Ca^{2+}、Cl^-）。当离子受体打开时，这些离子穿过膜并顺着浓度梯度流动，导致细胞的电荷发生变化。这种生理机制是细胞水平上许多主要生物功能的一个关键组成部分。

晚期正电位（Late positive potential，LPP）——一种缓慢的（300—700毫秒）正事件相关电位，被认为可以衡量对情绪显著刺激的注意力。

磁共振成像（Magnetic resonance imaging，MRI）——一种利用磁场和无线电波来产生内部结构图像的扫描技术。

磁共振波谱（Magnetic resonance spectroscopy，MRS）——是磁共振成像（MRI）的衍生技术。这种方法测量氢质子与各种分子的连接，从而可以测量不同的组织（以评估脑肿瘤的质量和区域）和各种浓度的大脑代谢物。

动机强化疗法（Motivational enhancement therapy，MET）——一种使用策略唤起快速和内部动机的行为改变以停止吸毒和促进治疗进入的疗法。

N-乙酰天冬氨酸（N-Acetylaspartate，NAA）——这种分子是磁共振波谱（MRS）中最可靠的靶点，在整个中枢神经系统中高度集中。

麻醉品（Narcotics）——鸦片、鸦片衍生物及其部分合成的替代品。麻醉剂源于希腊语中的"昏迷"一词，使人感觉迟钝，通常被用于缓解疼痛。

新生儿戒断综合征（Neonatal abstinence syndrome）——发生在婴儿在子宫内接触阿片类药物后。这是一种药物戒断综合征，包括自主神经不稳定、痉挛运动、易怒、吸吮反射差、体重增加受损等症状，在某些情况下还会出现癫痫发作。

对抗过程理论（Opponent-process theory）——一种稳态机制。对于每一个有情绪反应的事件，大脑都会产生一个抵消的、相反的情绪反应，使净情绪反应更接近中性。如果一个积极的刺激或事件被突然移除，收缩的消极反应将继续。

巴甫洛夫条件反射（Pavlovian conditioning）——通过两种刺激的配对关联导致新的学习反应的学习机制，首先由伊万·巴甫洛夫描述，也被称为经典条件反射。

药效动力学（Pharmacodynamics）——对药物浓度、作用部位、行为和生物效应、作用时间过程和效应强度之间相互作用的生物医学研究。了解这些内容对于确定剂量效应、毒性和临床结果至关重要。

位置偏好（Place preference）——一种非侵入性地测量实验室动物对药物奖励的感知的实验方案。假设动物在以前接受过药物治疗的区域停留的时间越长，对该药物的奖励反应就越大。

正电子发射断层扫描（Positron emission tomography，PET）——一种非侵入性技术，通过使用放射性示踪剂测量脑血流、新陈代谢、神经递质结合和放射性标记药物的水平，来测量大脑的生理功能。

优势反应（Pre-potent response）——在面对新的或相关的刺激时产生的最直接和自动的反应。在许多情况下，这些最重要和最直接的反应会被抑制，这取决于背景、环境或对其他信息的考虑。

概率折扣（Probability discounting）——在概率条件下获得的收益比在特定收益下获得的相同收益分配更少价值的趋势。概率和价值变得相关联，因此收益的感知价值随着接收它的概率下降而下降。

锥体细胞（Pyramidal cell）——一种神经元，其特点是有明显的顶端，基底树突和一个金字塔形的细胞核。这些细胞在整个中枢神经系统中非常丰富，特别是在皮层、海马和杏仁核中。由于其复杂的结构，它们能够适应许多多样化和专业化的功能。

P300——电压的正向（P）偏转和刺激呈现到大脑中的电变化的大约300毫秒的潜伏期。这种电导率的神经变化被认为是由被试的认知反应引起的，而不是由对刺激的生理反应引起的。

放射性核苷酸（Radionucleotides）——已被标记为放射性示踪剂的核苷酸。

放射性示踪剂（Radiotracer）——一种与特定生物分子结合并发出放射性信号的化合物。这样可以测量活体中放射性标记分子的生理特性（例如受体结合、分子的扩散）。

强化物（Reinforcer）——任何能增加特定行为概率的条件。在添加的背景下，它是指任何增加物质使用或恢复的可能性的线索、情况或物体。

恢复（Reinstatement）——在持续戒断或停止使用一段时间后恢复物质使用。

可靠性（Reliability）——不同措施、研究的实验结果的一致性。可靠性的重要性在于产生准确、可靠和可重复的结果。

静息态功能连接（Resting-state functional connectivity，rsFC）——一种功能磁共振成像（fMRI）分析，用于检查大脑区域间的血流。这种方法使研究人员能够检查各种皮层区域在静息期间如何发送信号、沟通并最终与其他神经区域合作。

奖赏缺陷综合征（Reward deficiency syndrome）——一种主要影响DRD2基因的遗传性疾病，导致多巴胺D_2受体的功能受损，并造成多巴胺功能减退。这些细胞缺陷导致奖赏加工受损，并可能使个人容易产生成瘾行为。

风险因素（Risk factors）——生物、心理、家庭、社区或文化层面的特征，这些特征先于负面结果的发生并与之相关。

单光子发射计算机断层扫描（Single-photon emission computed tomography，SPECT）——一种神经成像技术，利用核医学和γ射线照相机，从整个大脑的放射性分布的多个二维图像中构建一个三维图像。

兴奋剂（Stimulant）——一种通过对单胺类的神经化学作用导致唤醒和认知能力增强的物质，单胺类是一类神经递质，包括去甲肾上腺素和多巴胺。兴奋剂还刺激其他生理系统，导致心率、血压、葡萄糖分泌和呼吸增加。

超导量子干涉仪（Superconducting quantum interference device，SQUID）——一种极其敏感的磁力计，能够测量神经元磁场的微小变化。这种方法提供了高时间分辨率，可以实时跟踪神经元的放电序列。

拟交感神经（Sympathomimetic）——通过促进交感神经的刺激产生交感神经系统特有的生理效应。

特斯拉（Tesla，T）——对磁场强度的测量，通常用于分配磁共振成像（MRI）机的磁力：特斯拉值越高，MRI图像的分辨率就越高。

耐受（Tolerance）——在重复使用物质后出现的一种情况，需要更多的物质才能产生与最初使用时相同的效果。

白质束成像（Tractography）——一种测量大脑区域之间的解剖学连接的方法，这种连接有助于整个中枢神经系统的信息传递和处理。这种成像工具利用磁共振成像（MRI）技术来绘制整个大脑的白质束。

转导（Transduction）——发送或接收化学和电信号的细胞过程，通过突触处的细胞膜传输，启动细胞内部固有的和邻近的细胞过程。

有效性（Validity）——评估或结果准确测量或代表预期概念、变量或现象的能力。有效性取决于可靠性。

戒断（Withdrawal）——突然停止使用物质后出现的身体和心理症状模式。这些症状通常被使用者认为是负面的，并导致了保持戒断的困难。

索 引

（索引所标示数字为本书边码）

acamprosate（阿坎酸）134–135
activation likelihood estimation（激活概率估计）(ALE) 100
acute withdrawal（急性戒断）85–86
addiction（成瘾）
 behavioral definition of（成瘾行为特征）4, 12–14
 behavioral progression of（行为发展）9–10
 and causality（因果关系）156–157
 chemical（化学的）6–12
 as chronic brain disease（慢性大脑疾病）130–132
 classification systems of（分类系统）6–9
 clinical definition/diagnosis of（临床定义/诊断）2, 6–9
 dark side of（阴暗面）90–91
 demography of（人口统计学）5
 mental disorders and（精神疾病）4
 phenomenology of（现象）4
 rates of（比率）1, 149
 stigma of（耻辱）5–6
addiction theories（成瘾理论）
 allostatic（非稳态）36–38
 brain disease model（脑疾病模型）9–12
 cue-elicited craving（线索诱发的复吸）40
 future of（将来）40–41
 impaired response inhibition and salience attribution syndrome(iRISA)（反应抑制和突显归因受损）38–40
 incentive sensitization（激励敏化）34–36
adolescence（青春期）127, 149–150
Adolescent Brain Cognitive Development(ABCD) study（青少年脑认知发展研究）31–32
agonists（激动剂）66
Aharonovich, E.（阿哈罗诺维奇）140
Ahmed, S. H.（艾哈迈德）12
alcohol use（酒精使用）
 action areas of（作用脑区）68
 and anhedonia in protracted withdrawal（持续戒断中的快感缺失）87
 appettitiveness（食欲）103
 behavioral effects of（行为学效应）10
 brain mechanisms of（大脑机制）71–73
 craving studies（渴求研究）98–99, 102
 demographics of（人口统计学）5
 and dopamine（多巴胺）53
 electrophysiological markers（电生理标志物）89
 and endophenotypes（内表型）153–154
 intoxication symptoms（中毒症状）64–65
 late positive potential (LPP)（晚期正电位）102
 pharmacological interventions（药理学干预）133–135
 and social class（社会等级）41
 stigma of（耻辱）5
 withdrawal symptoms（戒断症状）83
allostatic theory（非稳态理论）36–38, 90–91
allosteric potentiator（变构增强剂）134
α power（α 频段能量）88–89
American Psychiatric Association (APA)（美国精神病学会）6
amotivation（无动机）88
amphetamine use（冰毒使用）
 action areas of（作用脑区）66
 behavioral addiction of（行为成瘾）9–10
amygdala volume（杏仁核体积）
 and alcohol use（酒精使用）73
 and cannabis use（大麻使用）29
 and the cue-elicited craving model（线索诱发的渴求模型）40
 and emotion regulation（情绪调节）102
Anagnostaras, S. C.（阿纳格诺斯塔拉斯）35
anhedonia（快感缺失）88
antagonists（拮抗剂）66
antireward system（反奖赏系统）12
Anxiety（焦虑）
 and cannabis use（大麻使用）41
 and high β activity（高的 β 频段的活动）89–90
 internet/video game addiction（网络和电子游戏成瘾）94
appettitiveness（食欲）103–105
arterial spin labeling（动脉自旋标记）100
attention（注意力）
 and cognitive behavior therapy (CBT)（认知行为疗法）135
 and craving（渴求）105–106
attention deficit/hyperactivity disorder

(ADHD)（注意力缺陷/多动症）116–117

Babor, T. F.（鲍伯）5
backward masking（反向掩蔽）106
Balleine, B. W.（巴莱恩）137
Barratt Impulsiveness Scale（巴雷特冲动量表）115, 117
Bauer, L. O.（鲍尔）89
Begleiter, H.（贝格莱特）69
behavior prediction（行为预测）32
behavior sensitizing experiments（行为敏化实验）9
behavioral addiction（行为成瘾）12–14
behavioral drug treatment interventions（行为药物治疗干预法）135–137
Berridge, K. C.（贝里奇）35
β power（β 频段的能量）
    and anxiety（焦虑）89–90
    and craving（渴求）101
β spectral power（β 功率）101
Bickel, W. K.（比克尔）136
biochemical imaging（生物化学成像）28
biomarkers（生物标志物）27–28
blood oxygenated level dependent (BOLD) signal（血氧水平依赖的信号）25
Bobzean, S. A.（博泽恩）156
Boeijinga, P. H.（博伊金加）135
Boileau, L.（布瓦洛）36
Bonson, K. R.（邦森）102
Brain（大脑）
    adolescent（青春期）149–150
    drug effects on mesocorticolimbic reward system（药物对中脑皮层边缘奖赏系统的效应）11
brain disease model (addiction)（成瘾的大脑疾病模型）2, 9–12, 130–132
brain function（脑功能）
    during protracted withdrawal（长期戒断时）88
    during withdrawal（戒断中）86
    hijacking by drugs（被药物劫持）104–105
    and impulsivity（冲动性）123
    and intoxication（中毒）68–73
    and love（爱情）30
    measurement of（测量）22–24
bupropion（盐酸安非他酮）134

cannabis use（大麻使用）
    action areas of（作用脑区）68
    behavioral effects of（行为学效应）10
    craving（渴求）100–101
    endocannabinoid system（内源性大麻素系统）53
    and endophenotypes（内表型）153
    and genetics（基因）29
    longitudinal study of（纵向研究）156–157
    and perceived stress, mood（感知应激, 情绪）40–41
    and stress（应激）161
    treatment outcomes（治疗后果）140
    withdrawal symptoms（戒断症状）83–84

Carroll, K. M.（卡罗尔）134, 140
Casey, B. J.（凯西）149
Centers for Disease Control and Prevention (CDC)（疾病控制和预防中心）43
cerebral blood flow(CBF)（大脑血流量）86
chemical addiction（化学成瘾）6–12
Childress, A. R.（坎德雷斯）102–103, 104–105
Chocyk, A.（乔西克）150
choline（胆碱）27
Cicero, T. J.（西塞罗）5
Clark, L.（克拉克）121, 123
classical conditioning experiments（经典条件实验）9
cocaine（可卡因）
    action areas of（作用脑区）68
    acute withdrawal（急性戒断）86
    appettitiveness（食欲）103
    craving studies（渴求研究）100
    and dopamine（多巴胺）52
    during protracted withdrawal（长期戒断）88
    electrophysiological markers（电生理性标志物）88–90
    and the iRISA theory（反应抑制和突显归因受损）38
    late positive potential (LPP)（晚期正电位）102
    pharmacological interventions（药理学干预）134
    treatment outcomes（治疗结果）140
    withdrawal symptoms（戒断症状）83
cognitive behavioral models（认知行为学模型）135–137
cognitive behavioral therapy（认知行为疗法）(CBT) 136, 138, 140
cognitive impairment and addiction（认知损伤与成瘾）12
compulsive disorders（强迫症）12–13
Conklin, C. A.（康克林）98
contingency management（应急管理）136
Corbit, J. D.（科比特）36
Costello, M. R.（科斯特罗）137
Craving（渴求）
    and the allostatic theory（和非稳态理论）38
    and attention（注意）105–106
    contextual cues（情境线索）102
    and the cue-elicited craving model（线索诱发的渴求模型）40
    cue-reactivity paradigms（线索反应范式）99–101
    after death（死后）110
    defined and research history（已界定的和研究历史）98–99
    neural mechanisms of（神经机制）101
    neurological underpinnings of（神经学基础）101–102
    neuromolecular mechanisms（神经分子学机制）106–107
    and reward system hijacking（奖赏系统劫持）103–105
creatine（肌酸）27
cue-elicited craving theory（线索诱发的渴求理论）40

cue-reactivity approach（线索反应方法）
　　and craving（渴求）99
　　and methadone（美沙酮）133
　　paradigms（范式）99–101

Dackis, C. A.（达基斯）86
Dagher, A.（达格）13
Daglish, M. R.（达格利什）104–105
Decade of the Brain（脑科学的十年）130
delayed discounting（延迟折扣）115, 123–125, 137
demographics（人口统计学）
　　and drug use（药物使用）5
　　and impulsivity（冲动性），127
demography of addiction（成瘾人口统计学）5
dendritic alterations (brain)（大脑的树突改变）106–107
depression（抑郁）
　　and cannabis use（大麻使用）41
　　genetic risk for（基因风险）151
Dewitt, S.（杜威）40
diagnosis of addiction（成瘾诊断）6–7
Diagnostic and Statistical Manual of Mental Disorders（DSM）(《精神疾病诊断与统计手册》)2, 6
diffusivity（弥散）25
diffusion tensor imaging（弥散张量成像）(DTI) 24
disulfiram（双硫仑）135
Domino, E. F.（多米诺）69, 89
dopamine（多巴胺）
　　and ADHD（注意力缺陷多动症）116–117
　　in behavioral activation and effort（在行为激活与努力中）56
　　and craving（渴求）100
　　and hedonistic response（享乐主义反应）10–11
　　and hormones（激素）156
　　and reward learning mechanisms（奖赏学习机制）51–53
　　and the incentive sensitization model（激励敏化模型）35
　　and the iRISA theory（反应抑制和突显归因受损）38
　　during protracted withdrawal（在长期戒断中）87–88
dopamine-depletion hypothesis（多巴胺耗竭假说）86
drug classification（药物分类）66
Drug Enforcement Administration (DEA)（缉毒局）4
drug expectations（药物期望）75
drug treatment interventions（药物治疗干预）
　　behavioral（行为学的）12, 135–137
　　combined approaches to（结合的方法）137–139
　　legislation versus cost（立法与成本）143–144
　　outcomes（结果）138–140
　　peer influence on（同伴影响）142–143
　　pharmacological（药理学的）132–135
drug treatment protocol（药物治疗方法）131–132
drugs (DEA schedule)[药物（DEA 附表）]3
Drummond, D. C.（德拉蒙德）98
Ducci, F.（杜奇）150,151

Dunedin Multidisciplinary Health and Development Study（达尼丁多学科健康与发展研究）156–157
Dunning, J. P.（邓宁）102
dysphoria（抑郁症）82

ecological validity (craving)[生态效度（渴求）]99–100
ecstasy. 见 MDMA（亚甲二氧基甲基苯丙胺）
effort–reward calculation（付出回报计算）56
electroencephalography (EEG)（脑电图）
　　and alcohol endophenotypes（酒精内表型）153–154
　　and brain mechanism（大脑机制）69
　　and craving（渴求）101–102
　　performance of（表现）22–24
　　and withdrawal（戒断）88–90
endophenotype（内表型）118, 150–155
environment（环境）102
enzyme-linked receptors（酶联受体）66
Ersche, K. D.（埃尔舍）117, 118, 120, 125
etiology of addiction（成瘾的病因学）6
Evoy, K. E.（埃沃伊）134
excitatory post-synaptic potential（兴奋性突触后电位）22

FBJ murine osteosarcoma viral oncogene homolog B (FosB)[FBJ 鼠骨肉瘤病毒癌基因同源物（FosB）]106–107,110
Fehr, C.（费尔）85
Feldstein Ewing, S. W.（费尔德斯坦·尤因）136
fetal alcohol syndrome（胎儿酒精综合征）4
Filbey, F. M.（费尔贝）5, 13, 40–41, 100, 101, 103–104,
final common pathway（最终的共同通路）53–54
five-choice serial reaction time task(5CSRTT)[五选项连续反应时任务(5CSRTT)]121, 125
food addiction（食物成瘾）12–13
fractional anisotropy（分数各向异性）25
Franken, I. H.（弗兰肯）89, 102
Franklin, T. R.（富兰克林）100
functional MRI (fMRI)[功能磁共振成像（fMRI）]
　　and adolescence（青春期）60
　　and backward masking（反向掩蔽）105–106
　　and brain mechanism（大脑机制）71–73
　　and cognitive behavioral therapy(CBT)[认知行为疗法(CBT)]136
　　craving studies（渴求研究）99, 133–134
　　description of（描述）25
　　and sex in addiction（成瘾中的性）153

Gallinat, J.（加里纳特）13, 100
gambling addiction（赌博成瘾）12
γ-aminobutyric acid (GABA)[γ-氨基丁酸(GABA)]
　　and acamprosate（阿坎酸）134–135
　　and acute withdrawal symptoms（急性戒断症状）86
　　and alcohol use（酒精使用）68, 153
　　and hedonistic response（享乐应答）10
gender and addiction（性别和成瘾）5, 155–156
gene expression receptors（基因表达受体）66

Genetics（基因）
    and addiction（成瘾）5, 55–56, 150–155
    and drug expectancy（药物预期）75
    and impulsivity（冲动性）118
    and limitations to neuroimaging（神经成像的限制性）29
    ΔFosB（即刻表达基因变化量）106–107
George, O.（乔治）90, 100
Gerbing, D. W.（戈宾）115
Giorgio, A.（乔治奥）1, 149
Glenn, S. W.（格伦）90
glucose metabolism（葡萄糖代谢）70–71
go/no go test（执行/不执行测试）119
Gogtay, N.（戈塔伊）1, 2, 149
Gold, M. S.（戈尔德）85
Goldman, D.（戈德曼）150, 151
Goldstein, R. Z.,（戈尔茨坦）38, 39, 139
Gooding, D. C.（古丁）89
Gould, K. L.（古尔德）86
G protein-coupled receptor（G 蛋白偶联受体）66
Gritz, E. R.（格里茨）89

half-life (substance)（物质半衰期）82–85
Hariri, A. R.（哈里里）150, 152
Hasan, K. M.（哈桑）1, 150
Hasin, D. S.（哈辛）1, 149
hedonistic set point（享乐主义设定点）35
Heinze, M.（海因茨）102
Hendriks, V. M.（亨德里克斯）102
heritability（遗传力）150
Herning, R. I.（海宁）101
heroin use（海洛因使用）
    electrophysiological markers（电生理标志物）89
    hijacking the brain（劫持大脑）105
    late positive potential (LPP)［晚期正电位(LPP)］102
    withdrawal symptoms（戒断症状）83
Herrmann, M. J.（赫尔曼）102
Holden, C.（霍顿）12
homeostasis（内稳态）36–38
Hommer, D. W.（霍默）40
hormones and dopamine（激素与多巴胺）156
hypersensitization（超敏化）35
hypothalamic–pituitary–adrenal axis(HPA)［下丘脑—垂体—肾上腺轴(HPA)］90

impaired response inhibition and salience attribution syndrome (iRISA)［反应抑制和突显归因受损(iRISA)］38–40
Impulse Behavior Scale (IBS)［冲动行为量表(IBS)］117
impulsivity（冲动性）
    in adolescence（青春期）127–128
    defined（被界定的）114–116
    and delaying discounting of reward（奖赏的延迟折扣）123–125
    and inhibitory control（抑制控制）121
    nature of（自然属性）117–120
    neuropharmacology of（神经药理学）116–117
    and risky decision making（风险决策）120–121
incentive salience（显著激励）35, 47
incentive-sensitization theory（激励敏化理论）34–36, 103–104
inhibitory control（抑制控制）121, 140
inhibitory post-synaptic potential（抑制性突触后电位）22
International Classification of Diseases(ICD)［《国际疾病分类》(ICD)］2, 6
internet/video game addiction（网络/电子视频成瘾）
    as behavioral addiction（行为成瘾）, 14
    separation anxiety（分离焦虑）94
interoceptive processes（内感受过程）40
intoxication (drug)（药物中毒）
    action areas of（作用区域）66–68
    brain mechanisms of（大脑机制）68–73
    defined（被界定的）64–65
    modulators（调器器）of 73–75
    pharmacodynamics of（药效动力学）66
intracranial self-stimulation experiments（颅内自刺激实验）9, 48
ion channel receptors（离子通道受体）66
ionic gradients（离子梯度）22
Iowa gambling task (IGT)［爱荷华博弈任务(IGT)］120–121

Jarvis, M. J.（贾维斯）5
Jessie's Law（杰西法案）144
Johnson, T. S.（约翰逊）134

Kalivas, P. W.（卡利瓦斯）53
Ketcherside, A.（凯奇赛德）41
Kim, J. E.（金）13
King, D. E.（金）88
Kish, S.（基什）16
Knott, V. J.（克诺特）88, 101
Kober, H.（科贝尔）136
Konova, A. B.（科诺娃）137, 139
Koob, G. F.（库布）12, 35, 36, 37, 90–91
Kourosh, A. S.（库罗什）13
Kuczenski, R.（库岑斯基）9
Kuhn, S.（库恩）13, 100

Landes, R. D.（朗德）136
late positive potential (LPP)［晚期正电位(LPP)］102
Le Moal, M.（蒙特尔）35, 36, 37, 90–91
Lebel, C.（勒贝尔）1, 149
Leith, N. J.（莱斯）9
Lenoir, M.（勒努瓦）12
Lewis, C. C.（路易斯）136
ligands（配体）66
limbic cortex activation（边缘皮层激活）102
Littel, M.（利特尔）89

Liu, X.（刘）101
Loughead, J.（卢格黑德）133
love and brain function（爱情和大脑功能）30
LSD (lysergic acid diethylamide)（麦角酸酰二乙胺）15, 68

magnetic resonance imaging (MRI)［磁共振成像(MRI)］12, 24–27
magnetic resonance spectroscopy (MRS)［磁共振波谱(MRS)］27
magnetoencephalography (MEG)［脑磁图(MEG)］22–23
Marijuana Problem Scale (MPS)［大麻问题测量表(MPS)］101
Martinotti, G.（马蒂诺蒂）87
masked cue task（掩蔽线索任务）105–106
McDonough, B. E.（麦克唐纳）102
MDMA (3, 4-methylenedioxymethamphetamine)［MDMA（3, 4-亚甲二氧基甲基苯丙胺）］15, 66
mechanisims of addiction（成瘾的机制）9–12
memory and addiction（记忆和成瘾）56–58
mental disorders and addiction（精神障碍和成瘾）4
mesolimbic reward system (brain)［中脑边缘奖赏系统（脑）］
　　and behavioral addiction（行为成瘾）13–14
　　changes during addiction（成瘾中的改变）10–12
　　and the cue-elicited craving model（线索诱发的渴求模型）40
　　as reward system（奖赏系统）49
metabolites (brain tissue)（大脑组织代谢物）27
methadone（美沙酮）133
methamphetamine use（冰毒使用）53
monetary incentive delay task（金钱激励延迟任务）60
morphine（吗啡）9
motivation（动机）
　　and future drug use prediction（未来药物使用的预测）60
　　and reward learning mechanisms（奖赏学习机制）47–58
motivational enhancement therapy (MET)［动机强化疗法(MET)］136
motivational interviewing (MI)［动机面谈(MI)］136, 138
Myrick, H.（迈里克）100, 101

N-acetylaspartate (NAA)［N-乙酰天冬氨酸盐(NAA)］27
Namkoong, K.（南宫）102
National Institutes of Health (NIH)［美国卫生研究院(NIH)］31
natural reinforcers（自然强化物）12
neonatal abstinence syndrome（新生儿戒断综合征）4, 93
Nestler, E. J.（内斯特勒）106
neuroimaging studies（神经成像研究）
　　and addiction activity（成瘾活动）12
　　and behavior prediction（行为预测）32
　　craving（渴求）99–101
　　diffusion tensor imaging (DTI)［扩散张量成像(DTI)］24
　　electroencephalography (EEG)［脑电图(EEG)］22–24, 69, 88–90, 101–102, 153–154
　　functional MRI (fMRI)［功能磁共振成像(fMRI)］25, 60, 71–73, 99, 105–106, 133–134, 136, 153
　　and impulsivity（冲动）119
　　limitations of（限制）28–29
　　magnetic resonance imaging (MRI)［磁共振成像(MRI)］24–27
　　magnetic resonance spectroscopy (MRS)［磁共振波谱(MRS)］27
　　magnetoencephalography (MEG)［脑磁图(MEG)］22–23
　　of behavioral addiction（行为成瘾）13–14
　　of combined drug interventions（结合的药物干预法）137–138
　　positron emission tomography (PET)［正电子发射断层扫描(PET)］12, 26–28, 52–53, 69–71, 100
　　single-photon emission computed tomography (SPECT)［单光子发射计算机断层扫描(SPECT)］26, 27–28
　　structural MRI（结构磁共振成像）24
Niaura, R. S.（尼奥拉）99
nicotine use（尼古丁使用）
　　action areas of（作用脑区）66–68
　　and brain mechanism（大脑机制）68–70
　　and craving（渴求）100, 101–102
　　and the cholinergic system（胆碱能系统）53
　　delay discounting（延迟折扣）124
　　demographics of（人口统计学）5
　　pharmacological interventions（药物干预）133–134
　　and social class（社会等级）41
　　withdrawal symptoms（戒断症状）83, 87
nucleus accumbens（伏隔核）
　　and acute withdrawal symptoms（急性戒断症状）86
　　and ADHD（注意力缺陷多动症）, 116–117
　　as common addiction pathway（共同成瘾环路）54
　　and craving（渴求）106–107, 109
　　and dopamine（多巴胺）49–52
Nutt, D. J.（纳特）104

O'Brien, C. P.（奥布莱恩）13
Ogawa, S.（奥格瓦）25
opioid use（阿片类药物使用）
　　action areas of（作用脑区）68
　　addiction from birth（出生后成瘾）93
　　behaviorial effects of（行为学效应）10
　　demographics of（人口统计学）5
　　and hedonistic response（享乐应答）11
　　and the opioid system（阿片系统）53
　　pharmacological interventions（药理学干预后）133
　　as public health concern（公共卫生关注）43–45, 162
　　treatment cost（治疗代价）143–144
opponent-process theory（对抗过程理论）36, 90–91
Orsini, C.（奥西尼）82

P300, 101–102
Pagliaccio, D.（利亚奇奥）28
Papageorgiou, C. C.（帕帕吉奥尔吉奥）89
Pavlovian conditioning（巴甫洛夫条件反射）98–99
peer recovery specialists（同伴康复辅导员）142–143
pharmacodynamics（药效动力学）66
pharmacological interventions（药理学干预）132–135
phencyclidine (PCP)［苯环利定(PCP)］68
phenomonology of addiction（成瘾的现象学）4
place preference（位置偏爱）9–10
pleasure molecule.（快乐分子）见 dopamine（多巴胺）
Porjesz, B.（波尔杰斯）69, 89, 153, 154
positron emission tomography (PET)［正电子发射断层扫描(PET)］
　　and brain mechanism（大脑机制）69–71
　　craving studies（渴求研究）100 dopamine studies（多巴胺研究）27–28, 53
　　post-acute withdrawal syndrome（后急性戒断症状）87–88
　　post-traumatic stress disorder (PTSD)［创伤后应激障碍(PTSD)］15–16, 161
Potenza, M. N.（波滕扎）137–138
prefrontal cortex（前额叶）
　　and craving（渴求）100, 106–107
　　and decision making（与决策）120–121
　　and dopamine（与多巴胺）51–53
　　during withdrawal（戒断中）86
　　dysfunction and relapse（紊乱与复吸）85–86
　　and the iRISA theory（与反应抑制和突显归因受损理论）38–39
　　and reinstatement（与恢复）54
pre-potent response（优势反应）115
probability discounting（概率折扣）124
Probst, C. C.（普罗布斯特）12
protracted withdrawal symptoms（长期戒断症状）87–88
psychedelic drug therapeutic benefits（迷幻剂疗效）15–16
psychiatric disorders and addiction（精神障碍与成瘾）5
pyramidal cells（锥体细胞）22

radionucleotides（放射性核标记法）27
radiotracer（放射示踪剂）100
Rangaswamy, M.（兰格斯瓦米）153, 154
receptors（受体）66
Reid, M. S.（瑞德）101
reinstatement experiments（恢复实验）
　　and drug relapse（药物复吸）9
　　and final common pathway（最终共同环路）53–54
relapse prediction（复吸预测）
　　for drug-addicted patients（药物成瘾患者）131
　　electrophysical makers for（电生理的标志物）89–90
　　prefrontal cortex and（前额皮层）85–86
　　reinstatement experiments（恢复实验）10
relapse prevention（预防复吸）140
resting-state functional connectivity (rsFC)（静息态功能连接）71

reward deficiency syndrome（奖赏缺陷综合征）55
reward system（奖赏系统）
　　and addiction（成瘾）10–12
　　and behavioral drug treatment interventions（行为药物治疗的干预方法）137
　　and craving（渴求）103–105
　　and incentive salience（显著激励）35
　　and motivation（动机）47–58
risk factors（风险因子）5, 149–150
risky decision making（风险决策）120–121
Robinson, T. E.（罗宾逊）35, 50, 99
Roemer, R. A.,（罗梅尔）88

Salamone, J. D.（萨拉蒙）56, 57
Schacht, J. P.（沙赫特）28, 153, 155
Schedule 1 drugs（附表1药物）2–3
Schneider, F.（施奈德）99
school dropout rate and addiction（退学率与毒品成瘾）4
Sell, L. A.（赛尔）104
Seltenhammer, M.（塞尔滕哈默）109
seratonin（色拉托宁）68
sex addiction（性成瘾）
　　appetitiveness（食欲）103–104
　　as behavioral addiction（行为成瘾）12–13
Shaw, P.（肖）1, 150
shopping addiction（购物成瘾）13
Shufman, E.（舒夫曼）88
single-photon emission computed spectroscopy(SPECT)［单光子发射计算机体层摄影光谱(SPECT)］27–28, 69
Sinha, R.（辛哈）86
Skinner, M. D.（斯金纳）135
social class（社会等级）
　　and addiction（成瘾）5
　　and drug use（药物使用）41
Sofuoglu, M.（索福格鲁）134, 137
Solomon, R. L.（所罗门）36
stimulant use（刺激物使用）
　　behavioral effects of（行为学效应）10
　　demographics of（人口统计学）5
Stop signal reaction time(SSRT)［停止信号反应(SSRT)］119,121,123
stress (adolescent)［压力（青春期）］150, 161
structural MRI（结构磁共振成像）24
substance use disorder (SUD)［物质使用障碍(SUD)］
　　addiction as（成瘾）2
　　behavioral symptoms of（行为症状）12–13
　　classification systems of（分类系统）6–7
sugar addiction（糖瘾）12–13
superconducting quantum interference device(SQUID)［超导量子干涉仪(SQUID)］22
Surwillo, W. W.（苏维罗）88
sympathomimetic action（拟交感神经运动）86

Tanabe, J.（塔纳贝）86, 87

tanning addiction（晒黑成瘾）12, 13
Teklezgi, B. G.（克拉特兹）133
tetrahydrocannabinol(THC)［四氢大麻酚(THC)］68
thalamus（丘脑）86
Tiffany, S. T.（蒂芙尼）98–99, 105
tolerance（耐受）
    and the allostatic theory（和非稳态理论）36–38
    brain adaptation and（大脑适应性）11
    and substance use（物质使用）4
    sugar（糖）12–13
tractography（纤维束成像）25
transduction（转导）66

unemployment rate and addiction（失业率和毒品成瘾）4

Vaituzis, A. C.（薇图兹）1, 150
van de Laar, M. C.（范德莱尔）102
van Eimeren, T.（范-艾美伦）12
Venables, P. H.（维纳布尔斯）88
Verdejo-Garcia, A.（维德霍-加西亚）140
Vogeler, T.（沃格勒）134
Volkow, N. D.（沃尔科）13, 38, 39, 40, 52, 53–54, 71, 75, 85, 86, 88
wait circuit（等待的环路）124
waiting（等待）125
Wang, G. J.,（王）71
Warren, C. A.（沃恩）102
Weeks, J. R.（威克斯）9
Wexler, B. E.（韦克斯勒）136
Wierenga, L. M.（维尔伦加）150

Winterer, G.（温特尔）89
withdrawal（戒断）
    acute（急性的）85–86
    and the allostatic theory（非稳态理论）36
    between systems adaptations（介于系统间适应）90–91
    brain adaptation and（大脑适应性）11
    brain function during（大脑功能）86
    and dark side of addiction（成瘾的阴暗面）11
    defined（被界定的）81–82
    electrophysiological mechanisms of（电生理学机制）88–90
    and incentive sensitization model（激励敏化模型）35
    and the iRISA theory（与反应抑制和突显归因受损理论）39
    protracted（长期的）87–88
    and substance use（物质使用）4
    sugar（糖）12
    symptoms and classification of（症状与分类）82–84
Wong, D. F.（王）100
Worhunsky, P. D.（沃亨斯基）13
World Health Organization（世界卫生组织）2, 6
Wrase, J.,（瑞思）99
Wray, J. M.（瑞）105

young adult（青少年）.见 adolescence（青春期）
Young, K. A.（杨）105

Zubieta, J. K.（祖比耶塔）86

译后记

在当今社会，成瘾是一个广泛而严峻的公共卫生问题。经过一个世纪以来对成瘾开展的大量研究，在21世纪的今天我们对成瘾有了一定的认识。科学界普遍认为，成瘾是一种慢性的复发性的脑疾病。有的研究人员认为，成瘾性药物扰乱了大脑中的奖赏系统，从而让大脑对药物的"奖励"产生了错乱；也有研究人员认为，成瘾与环境刺激和基因密切相关。尽管对于成瘾的机制众说纷纭，但有一点是确定的，对于成瘾的神经机制的研究，还有很长的路要走。

从上世纪20年代开始，神经影像学技术开始出现，而近40年来，各种非侵入性的神经影像学技术，如脑电、磁共振技术有了蓬勃的发展。这让对于成瘾的神经科学研究得以从动物实验发展到人类实验上。尽管这些技术还有一定的局限性，但无疑让科学界对成瘾的神经机制的了解有了一个质的飞跃。除此之外，各种外源的非侵入刺激技术，如经颅直流、交流电刺激，更是为干预成瘾的大脑提供了一个强而有力的手段。由此，成瘾的神经科学研究迎来了高速发展的时期。

《成瘾神经科学》是由弗朗西斯卡·马普亚·费尔贝教授撰写的专著。本书介绍了成瘾的临床和行为特征，并描述了研究成瘾机制所使用的神经科学方法，依照成瘾的生态顺序，书中分章节进行了不同进程的详细讲述。本书提供了对成瘾的神经机制和研究方法的一个概述，旨在填补行为神经科学和神经药理学书籍的空白。除此之外，本书不仅能够作为本科生和研究生学习成瘾课程之余的补充内容，还可以作为科普成瘾机制的读物为大众阅读，这在研究成瘾机制如此需要和急迫的今天，显得尤为重要。

本书的翻译出版是中国科学技术大学张效初教授实验室的老师同学们全心投入的成果。主要分工如下：第1章由杨平老师翻译，第2章由任劼成同学翻译，第3章由刘伟丽同学翻译，第4章由干贺帆同学翻译，第5章由陈慧同学翻译，第6章由赵倩同学翻译，第7章由刘梦圆同学翻译，第8章由左会琳同学翻译，第9章由金晨同学翻译，第 10 章由缑慧星同学翻译。全书由张效初老师、杨平老师以及赵倩、任劼成、刘伟丽、左会琳同学完成校对工作。此外本书的顺利出版离也不开浙江教育出版各位编辑的辛勤付出。

尽管在本书的编辑过程中，由译者以及编辑们严格把关，但是作为一本专业著作，以及译者们专业理解的局限，存在释义上的分歧在所难免。恳请各位读者在阅读过程中提出宝贵意见，不吝赐教。

张效初

2023 年 5 月